现代照明技术及设计指南

Modern lighting technology and design guide

悉地国际CCDI　北京建筑大学　组织编写

李炳华　岳云涛　主编

中国建筑工业出版社

图书在版编目（CIP）数据

现代照明技术及设计指南/李炳华，岳云涛主编. —北京：中国
建筑工业出版社，2019.6
ISBN 978-7-112-23575-9

Ⅰ.①现… Ⅱ.①李…②岳… Ⅲ.①电气照明-照明技术-指南
②电气照明-照明设计-指南 Ⅳ.①TM923.01-62②TM923.02-62

中国版本图书馆CIP数据核字(2019)第063243号

本书从照明的基本概念入手，讲述了照明的相关知识和设计要点，包括室内
照明、体育照明、应急照明、LED照明新技术、照明控制、绿色照明、案例分
享，并从多视角展示作者近年来照明技术的相关研究成果，通过工程示例加以说
明，并就照明方面的常见问题进行解答和分析。本书还就照明技术的发展趋势阐
明了作者的观点。本书力求由浅入深，通俗易懂，注重理论结合实际，适合各类
照明从业人员、电气设计师作为参考资料和工具书使用。

责任编辑：张　磊　杨　杰
责任设计：李志立
责任校对：王　烨

现代照明技术及设计指南

悉地国际CCDI　北京建筑大学　组织编写
李炳华　岳云涛　主编
*
中国建筑工业出版社出版、发行（北京海淀三里河路9号）
各地新华书店、建筑书店经销
北京科地亚盟排版公司制版
北京建筑工业印刷厂印刷
*
开本：787×1092毫米　1/16　印张：14¼　字数：356千字
2019年8月第一版　2019年8月第一次印刷
定价：48.00元
ISBN 978-7-112-23575-9
（33856）

策　　划：李炳华

主　　编：李炳华　岳云涛

参编人员（按姓氏笔画排序）：

　　　　王志敏　王彦龙　王　翔　仇克坤　尹婧瑶　孙铭泽　李欣竹

　　　　李菁钰　李　鹏　杨　波　张宇涛　陈小山　钟林枫　贾　佳

　　　　徐学民　董　青　韩倩倩　覃剑戈　霍　铭等。

主审专家（按姓氏笔画排序）：

　　　　任元会　李兴林　郜树奎　陈崇光　徐　华等。

序 一

随着20世纪90年代中白光半导体发光二极管（LED）的研制成功，LED灯进入照明领域，为照明产业注入了新的发展机遇，提出了很多新的热点课题，引起了世界各国相关企业的研究，不断出现新的创新成果，推动了照明技术和产业的快速发展。

本书的作者多年来对LED灯的特性，以及在各个建筑领域，特别是体育场馆的应用和照明节能等方面，进行了研究的试验，取得了积极成果。作为照明和电气设计师，在繁忙的设计工作之余，进行这些研究和试验工作是十分可贵的。

在这些研究成果的基础上编写这本书，具有技术先进，内容详实，前瞻性强，有试验依据，数据可信，具实用价值等特点，特别是对LED光源的启动特性，电压变化特性，调光特性和谐波参数等进行的试验，为该领域当今很少涉及的技术课题提供了试验参数，对照明工程设计具有积极的意义和实用价值。本书还提出了一些新观点和创新方法，如电光源能效的评价指标，我国和全世界都采用单位电功率转换产生的光通量，即1m/W值，本书创新性提出了更全面、更合理的评值方法——"综合能效指标FTP（1m·h/W）"和"经济效能指标FTY（1m·h/元）"，FTP考虑了电转换成光通量的同时计入了光源的寿命和寿命期内光通衰减因素，更全面地评价了光源的能效；FTY更考虑了光源能效和经济性，都具有创新性和实用性。

该书的出版发行，给建筑电气、照明设计师、大专院校相关专业师生以及照明产生科技人员有所启迪，具有实用价值。

任元会

2019年5月10日

序　二

  由李炳华、岳云涛主编的《现代照明技术及设计指南》是一部非常实用的照明技术编著。主编李炳华长期从事电气、照明设计、研究和管理工作，潜心研究照明科技理论，积累了很多实际的工程案例经验。本书的编写也是作者多年工作的积累和科研成果的结晶，有很强的知识性、前瞻性和实用性。

  本书内容丰富，由浅入深，通俗易懂，几乎涵盖了照明应用领域各个方面，是我们照明领域的又一部力作，是一部很有价值的学习、应用参考文献。

  LED光源的应用，是照明领域的又一次革命性的变革，光源的变化带来了照明灯具及照明装置的变化，照明人都有一个重新认识，重新学习，研究开发，不断创新，实践应用的过程。编著者以大量的实践和严谨的学风为照明行业奉献了一部力作。感谢《现代照明技术及设计指南》一书所有参编、参审者为照明事业做出的贡献，共同推动照明技术的进步和发展。

前 言

这本书历经三年时间，终于脱稿，即将出版发行了！

近年来，照明技术发展非常迅速。尤其 LED 照明技术日渐成熟，性价比不断提升，产品质量逐渐稳定，其应用范围越来越广泛，逐渐取得用户的信任。随之而来，LED 照明控制技术也不断地发展和成熟，进一步推动 LED 照明技术的发展、普及和应用。在这个大的背景情况下，我国 LED 照明产业飞速发展，在国际市场占据非常重要的地位，为世界照明事业、照明产业做出巨大贡献。可以说，我国是世界 LED 照明的大国，期待不久的将来我们将成为 LED 世界强国，在此道路上，照明及相关产业的科技工作者需要不断探索、研究，为我国照明事业的发展做出应有的贡献。

本书结合作者近几年最新科研成果和工程实践，分享给读者的目的是希望照明界的同仁们共同研究、探讨现代照明新技术及其应用成果。包括：照明的基本概念、照明技术的发展趋势、室内照明、体育照明、应急照明等，LED 照明新技术部分包括 LED 灯的启动特性、冲击特性、谐波特性、电压特性、调光特性、熄弧特性、节能特性、负荷性质、LED 灯与其他光源的特性比较等，照明控制包括照明控制技术的分析、高可靠性 LED 照明控制技术、高可靠性场所照明控制系统建议方案、照明控制系统注意事项等，绿色照明包括照明节能、环保与健康光环境等内容，本书还分享了体育照明、景观照明、公共建筑照明等案例。书中还附上有关试验数据、调研报告、相关产品的技术参数等内容，供读者参考之用。本书有试验、有数据、有工程案例、有调研报告，内容丰富、技术前沿，希望对读者有所帮助！

本书在编制过程中得到了北京建筑大学岳云涛教授的帮助和支持，得到了美国 Musco 照明公司、三雄极光照明、广州河东公司等单位的大力支持，在此表示衷心的感谢！还要感谢我国泰斗级专家任元会研究员、中国照明学会理事长郝树奎为本书作序。同时要感谢任元会、郝树奎、徐华、李兴林、陈崇光、岳云涛等专家为本书审稿。

由于时间紧张、能力有限，书中难免存在错误、不妥之处，敬请读者见谅，并提出宝贵意见，联系电话：010-84266086，E-mail：li. binghua@ccdi. com. cn，微信公众号 BH Talk（或扫描下面二维码）。

李秉华

2019.3 于北京

目　　录

实用数据及技术一览表

序号	名称		内容简述	章节号
			发展趋势	
1	光源使用数量分析		美国国家能源署（US Department of Energy）2016 年 6 月发布的 "Solid-State Lighting R&D Plan"，公布 2014 年～2022 年北美、西欧、中国和日本使用各种光源的数量	1.2.2
2	体育照明	场地照明发展趋势	近年来，奥运会等重大比赛场地照明技术的应用情况及发展趋势	1.2.3
3		光污染的控制指标	控制室外场地外一定范围内的外溢光	1.2.3
4		光源的色度参数	国际相关体育机构、电视转播机构关于场地照明中光源色度参数的要求	1.2.3
5	超越照明		超越照明是相对于传统照明而言的，传统照明是利用各种光源为某场所、房间、物体提供满足视觉要求的光照。而超越照明尚没有明确的定义和界定，传统照明之外都可以划归到超越照明	1.2.4
			设计标准	
6	通用照明	LPD 值	各类建筑 LPD 值的变化，即场地照明单位照度功率密度值	2.2.2
7		充电站照明标准	电动汽车充电场所的照明标准	2.2.5
8		商业照明标准	中国、CIE、美国、英国等商业照明标准值的对比	2.2.1
9	体育照明	场地照明新技术动态	相关国际体育组织有关场地照明标准的新变化，包括国际足联、国际田联、北京冬奥会、北美棒垒球等	1.2.3
10		场地照明标准	各类运动项目的场地照明标准	2.2.2
11		场馆分级	体育场馆场地照明功能分级，共六级	3.1
12		场馆水平照度	我国标准关于场地照明的水平照度标准值	3.1
13		场馆垂直照度	我国标准关于场地照明的垂直照度标准值	3.1

序号	名称		内容简述	章节号
			设计标准	
14	体育照明	场馆照度均匀度	我国标准关于场地照明的照度均匀度要求，包括水平照度均匀度和垂直照度均匀度	3.1
15		场馆眩光指数	我国标准关于场地照明的眩光要求	3.1
16		国际足联照明要求	国际足联 FIFA 关于足球场地的照明标准值	3.1
17		国际田联照明要求	国际田联 IAAF 关于田径场地的照明标准值	3.1
18		国际网联照明要求	国际网联 ITF 关于网球场的照明标准值	3.1
19		国际篮联照明要求	国际篮联 FIBA 关于篮球场地的照明标准值	3.1
20		奥运会游泳照明要求	国际奥委会 IOC 关于游泳池、跳水池的照明标准值	3.1
			光源、灯具、附件	
21	光源	LED 灯的主要参数	根据相关标准总结出 LED 灯的主要参数及要求	2.3.2
22		住宅用光源	住宅建筑主要场所常用光源推荐表	2.3.2
23		办公用光源	办公建筑主要场所常用光源推荐表	2.3.2
24		酒店用光源	旅馆建筑主要场所常用光源推荐表	2.3.2
25		商业用光源	商业建筑主要场所常用光源推荐表	2.3.2
26		设备用房用光源	常用设备用房主要场所常用光源推荐表	2.3.2
27		光源特性比较	LED 与其他光源的特性、参数进行对比	5.9
28	灯具	投光灯灯具分类	投光灯按光束角分为特窄光束、窄光束、中等光束和宽光束等类型	3.2
29	电源	金卤灯的电源装置	保证电源转换过程中金卤灯不熄灭的装置	2.2.4
			照明设计与工程	
30	计算	照度计算	利用系数法计算室内场所的平均照度	2.1.1
31		利用系数	分析 LED 灯具的利用系数 U 比较大的原因，甚至出现 U 大于 1 的现象，比传统光源照明的 U 值要大很多，并举例说明	2.1.2
32	通用照明	LED 灯的应用	各种类型建筑不同场所 LED 灯的应用要求	2.3.3
33		商业照明定律	定律 1：商店照明需与室内装修，货柜等布置密切配合	2.3.4
			定律 2：灯具布置方式＝一般照明＋局部照明＋重点照明＋橱窗照明＋其他照明	

序号	名称		内容简述	章节号
			照明设计与工程	
34	体育照明	体育馆运动分类	室内体育馆分为利用空间的运动、利用低位置为主的运动两大类	3.3
35		体育馆灯具功率与高度的匹配	室内体育馆场地照明的灯具额定功率与其安装高度之间的配合	3.3
36		体育馆的照明要求	从体育馆室内装修到场地照明计算、灯具选择等	3.3
37		场地照明空间	体育场馆场地照明空间概念	3.2
38		四角布置	四角布置是灯具以集中形式与灯杆结合布置在比赛场地四角	3.2
39		两侧布置	两侧布置是灯具与灯杆或建筑马道结合、以簇状集中或连续光带形式布置在比赛场地两侧	3.2
40		混合布置	混合式布置是把四角和两侧布置（含多杆布置、光带式布置）有机地组合在一起的布灯方法	3.2
41		顶部布置	顶部布灯方式即单个灯具均匀布置在运动场地上空	3.3
42		群组均匀布置	群组均匀布灯是顶部布灯的一种，即几个单体灯具组成一个群组，均匀布置在运动场地上空	3.3
43		侧向布置	灯具布置在场地两侧向场地照明的方式	3.3
44		混合布置	即将顶部布置和侧向布置结合起来的一种布灯方式	3.3
45		间接照明布置	灯具不直接照射运动场地，而是通过反射光实现场地照明的布灯方式	3.3
46		场地照明 Eh/Ev	不同标准有电视转播时场地平均水平照度与平均垂直照度的比值	3.3
47	应急照明	应急照明	应急照明定义与分类	4.1.1、4.1.6
48		应急照明	备用照明与疏散照明的对比	4.1.4
49		应急照明连续供电时间	各种建筑物及场所应急照明连续供电时间及照度要求	4.3.1
50	其他	临时照明	体育照明的临时照明技术，具有灵活性和经济性	2.2.4
51		电压偏差实测值	鸟巢场地照明电压偏差实测值	2.2.4

续表

序号	名称		内容简述	章节号
			照明技术	
52	技术	恒流明技术	在光源寿命周期内，光源的光通量保持不变或在很小范围内变化	1.2.3
53		智慧照明技术	智能照明结合网络技术、通信技术、信息技术等升级到智慧照明技术	1.2.4
54		互联网照明技术	"Internet＋LED 照明"为照明领域拓展了更广阔的发展空间和更加美好的前景	1.2.4
55		POE 技术	即以太网供电，在以太网 Cat.5 布线基础架构下同时为基于 IP 的终端传输数据信号，并且为该设备提供直流电源的技术	1.2.4
56	参数	大气吸收系数	分析现行标准中维护系数和大气吸收系数的差别，大气吸收系数的概念及实际应用取值	3.1、3.2
57		频闪比	在某一频率下，输出光通最大值与最小值之差与输出光通最大值与最小值之和的比值，用百分比表示	3.2
58		频闪指数	在一个周期内，光输出平均值以上部分面积 A1 与整个光输出面积（A1＋A2）的比值	3.2
59	特性	负荷性质	在额定电压、额定频率下，测试 LED 灯是感性负荷还是容性负荷	5.8
60		启动特性	在额定电压、额定频率下，LED 灯从接通电源到 LED 灯光输出稳定这段时间内相关参数的变化情况，包括电压、电流、谐波等的变化	5.2
61		冲击特性	在额定电压、额定频率下，LED 灯从接通电源到 LED 灯光输出稳定后整个运行期间灯电流的变化	5.2
62		峰值电流倍数	峰值电流倍数是在额定电压、额定频率、正常环境下，LED 灯启动过程中的峰值电流与额定电流的比值	5.2
63		谐波特性	给 LED 灯加以额定电压，在其稳定后输入线路的谐波特性	5.3
64		电压特性	在 LED 灯允许电压范围内，不同电压下 LED 灯的光输出特性	5.4
65		调光特性	对 LED 灯进行调光，在不同光输出下的相关参数变化情况，包括电压、电流、谐波变化情况	5.5
66		熄弧特性	断电后重新通电的光输出特性	5.6
67		调光特性与开关特性	LED 灯的调光特性与开关特性对比，研究其本质差别	6.4.1、6.4.2

序号	名称		内容简述	章节号
			照明控制	
68	智能照明控制系统的功能分类		智能照明控制系统分基本功能、增强功能、高级功能等三类	7.1.3
69	照明控制系统		对 KNX、WIFI、DALI、电力载波、DMX512、2.4G 无线通信等几种主要的照明控制技术进行了分析和比较	6.1.1
70	Zigbee		Zigbee 的技术要点	6.1.2
71	LoRa		LoRa 的技术要点	6.1.3
72	KNX		KNX 的技术要点及应用	6.1.4
			照明节能、环保、卫生	
73	参数指标	灯具效率	金卤灯灯具效率调研结果	2.2.4
74		场地照明单位照度功率密度值	单位照度的 LPD 值，即照明安装功率与被照面积及照度的比值	7.1.1
75		FTP 和 FTY	FTP 和 FTY 的概念，即全寿命周期内光源的综合能效指标 FTP(1m·h/W) 和经济效能指标 FTY(1m·h/Yuan)；各种光源的 FTP 比较	7.1.1、7.1.3
76	微能量采集发电技术		将开关的机械动能转化成电能，并发出信号控制设备开启的技术	7.1.3
77	自然光	被动式导光系统	天然光导光系统是利用光的折射、反射原理，将天然光引导到室内，供室内照明使用	7.2.1
78		主动式导光系统	系统的采光部分实时跟踪太阳，以获得更好的采光效果	7.2.1
79	光生物安全	光生物安全	根据 IEC/EN 62471《LED 灯光生物安全测试及认证》，将 LED 光辐射对生物肌体组织，尤其对人的皮肤、眼睛可能造成的伤害进行评估，分为最安全的豁免级、低危害级、中等危害级和高危害级共四级	7.2.2
80		蓝光危害及风险	IEC 62778：2014《应用 IEC 62471 评价光源和灯具的蓝光危害》，蓝光危害风险与最大允许曝辐时间的关系；LED 灯的光生物安全问题	7.2.3、2.3.3

序号	名称		内容简述	章节号
		工程案例		
81	案例分析	体育照明案例	国家奥林匹克中心体育场照明改造工程	8.1
82		景观照明案例	湛江奥林匹克体育中心照明设计	8.2
83		公共建筑照明案例	中国人寿研发中心一期工程照明设计	8.3
84		酒店照明案例	澳门 Morpheus 酒店照明案例分析	8.4
85		地铁照明案例	乌鲁木齐地铁 1 号线照明项目	8.5
86		LED 体育照明案例	北京奥林匹克网球中心钻石场地	附录 2
		试验与测试		
87	试验、测试、调研	LED 灯特性	LED 灯的启动特性和冲击特性	5.2
88			LED 灯的谐波特性	5.3
89			LED 灯的电压特性	5.4
90			LED 灯的调光特性	5.5
91			LED 灯的节能特性	5.7
92			LED 灯的负荷性质	5.8
93		测试	LED 照明控制系统温度测试报告	附录 3
94		调研	北京奥林匹克网球中心钻石场地	附录 2
95			直流配电 LED 照明调研报告	附录 4

第1章 概　　述

1.1　照明的基本概念

根据《建筑照明术语标准》（JGJ/T 119—2008）及《照明设计手册》（第三版），照明的基本概念可以概括为表 1-1。

照明的主要术语及其含义　　　　　　　　　　　　　　　　　　　表 1-1

术语	英文	定义
照明的类型		
绿色照明	green lights	节约能源、保护环境，有益于提高人们生产、工作、学习效率和生活质量，保护身心健康的照明
一般照明	general lighting	为照亮整个场所而设置的均匀照明
分区一般照明	localized general lighting	为照亮工作场所中某一特定区域，而设置的均匀照明
局部照明	local lighting	特定视觉工作用的、为照亮某个局部而设置的照明
混合照明	mixed lighting	由一般照明与局部照明组成的照明
重点照明	accent lighting	为提高指定区域或目标的照度，使其比周围区域突出的照明
正常照明	normal lighting	在正常情况下使用的照明
应急照明	emergency lighting	因正常照明的电源失效而启用的照明。应急照明包括疏散照明、安全照明、备用照明
疏散照明	evacuation lighting	用于确保疏散通道被有效地辨认和使用的应急照明
安全照明	safety lighting	用于确保处于潜在危险之中的人员安全的应急照明
备用照明	stand-by lighting	用于确保正常活动继续或暂时继续进行的应急照明
值班照明	on-duty lighting	非工作时间，为值班所设置的照明
警卫照明	security lighting	用于警戒而安装的照明
障碍照明	obstacle lighting	在可能危及航行安全的建筑物或构筑物上安装的标识照明
光源基本概念		
光通量	luminous flux	根据辐射对标准光度观察者的作用导出的光度量。单位为流明（lm），1lm＝lcd. lsr。对于明视觉有：$$\Phi = K \cdot \int_0^\infty \frac{\mathrm{d}\Phi(\lambda)}{\mathrm{d}\lambda} \cdot V(\lambda)\mathrm{d}\lambda$$ 式中 $\mathrm{d}\Phi(\lambda)/\mathrm{d}\lambda$——辐射通量的光谱分布；$V(\lambda)$——光谱光（视）效率；$K$——辐射的光谱（视）效能的最大值（lm/W）。在 $\lambda=$ 555nm单色辐射时，明视觉条件下的 K 值为 6831m/W
光通量维持率	luminous flux maintenance	光源在给定点燃时间后的光通量与其初始光通量之比
发光强度	luminous intensity	发光体在给定方向上的发光强度是该发光体在该方向的立体角元 $\mathrm{d}\Omega$ 内传输的光通量 $\mathrm{d}\phi$ 除以该立体角元所得之商，即单位立体角的光通量。单位为坎德拉（cd），1cd＝1lm/sr
光强分布	distribution of luminous intensity	用曲线或表格表示光源或灯具在空间各方向的发光强度值，也称配光

术语	英文	定义
光源基本概念		
亮度	luminance	由公式 $L=d^2\phi/(dA\cdot\cos\theta\cdot d\Omega)$ 定义的量。单位为坎德拉每平方米（cd/m²） 式中　$d\phi$——由给定点的光束元传输的并包含给定方向的立体角 $d\Omega$ 内传播的光通量（lm）； dA——包括给定点的射束截面积（m²）； θ——射束截面法线与射束方向间的夹角
照度与眩光		
照度	illuminance	入射在包含该点的面元上的光通量 $d\phi$ 除以该面元面积 dA 所得之商。单位为勒克斯（lx），1lx＝1lm/m²
平均照度	average illuminance	规定表面上各点的照度平均值
维持平均照度	maintained average illuminance	在照明装置必须进行维护时，在规定表面上的平均照度
照度均匀度	uniformity ratio of illuminance	规定表面上的最小照度与平均照度之比，或最小照度与最大照度之比
眩光	glare	由于视野中的亮度分布或亮度范围的不适宜，或存在极端的对比，以致引起不舒适感觉或降低观察细部或目标的能力的视觉现象
直接眩光	direct glare	由视野中，特别是在靠近视线方向存在的发光体所产生的眩光
不舒适眩光	discomfort glare	产生不舒适感觉，但并不一定降低视觉对象的可见度的眩光
统一眩光值	unified glare rating（UGR）	国际照明委员会（CIE）用于度量处于室内视觉环境中的照明装置发出的光对人眼引起不舒适感主观反应的心理参量
眩光值	glare rating（GR）	国际照明委员会（CIE）用于度量体育场馆和其他室外场地照明装置对人眼引起不舒适感主观反应的心理参量
反射眩光	glare by reflection	由视野中的反射引起的眩光，特别是在靠近视线方向看见反射像所产生的眩光
光幕反射	veiling reflection	视觉对象的镜面反射，它使视觉对象的对比降低，以致部分或全部难以看清细部
光源色度参数		
显色性	colour rendering	与参考标准光源相比较，光源显现物体颜色的特性
显色指数	colour rendering index	光源显色性的度量。以被测光源下物体颜色和参考标准光源下物体颜色的相符合程度来表示
一般显色指数	general colour rendering index	光源对国际照明委员会（CIE）规定的第1~8种标准颜色样品显色指数的平均值。通称显色指数，符号是 Ra
特殊显色指数	special colour rendering index	光源对国际照明委员会（CIE）选定的第9~15种标准颜色样品的显色指数，符号是 R_i
色温	colour temperature	当光源的色品与某一温度下黑体的色品相同时，该黑体的绝对温度为此光源的色温，亦称"色度"，单位为开（K）
相关色温	correlated colour temperature	当光源的色品点不在黑体轨迹上，且光源的色品与某一温度下的黑体的色品最接近时，该黑体的绝对温度为此光源的相关色温，简称相关色温。符号为 T_{cp}，单位为开（K）
色品	chromaticity	用国际照明委员会（CIE）标准色度系统所表示的颜色性质。由色品坐标定义的色刺激性质
色品图	chromaticity diagram	表示颜色色品坐标的平面图

续表

术语	英文	定义
光源色度参数		
色品坐标	chromaticity coordinates	每个三刺激值与其总和之比。在 X、Y、Z 色度系统中，由三刺激值可算出色品坐标 z、y、z
色容差	chromaticity tolerances	表征一批光源中各光源与光源额定色品的偏离，用颜色匹配标准偏差 SDCM 表示
照明计算		
维护系数	maintenance factor	照明装置在使用一定周期后，在规定表面上的平均照度或平均亮度与该装置在相同条件下新装时在同一表面上所得到的平均照度或平均亮度之比
反射比	reflectance	在入射辐射的光谱组成、偏振状态和几何分布给定状态下，反射的辐射通量或光通量与入射的辐射通量或光通量之比
室形指数	room index	表示房间或场所几何形状的数值，其数值为 2 倍的房间或场所面积与该房间或场所水平面周长及灯具安装高度与工作面高度的差之商。 $$R_i = 2 \cdot S/L \cdot (H_1 - H_2)$$ 式中　R_i——室形指数； 　　　S——房间面积； 　　　L——房间周长； 　　　H_1——灯具安装高度； 　　　H_2——工作面高度
照明节能及能效		
光源的发光效能	luminous efficacy of a light source	光源发出的光通量除以光源功率所得之商，简称光源的光效，单位为流明每瓦特（lm/W）
灯具效率	luminaire efficiency	在规定的使用条件下，灯具发出的总光通量与灯具内所有光源发出的总光通量之比，也称灯具光输出比
灯具效能	luminaire efficacy	在规定的使用条件下，灯具发出的总光通量与其所输入的功率之比，单位为流明每瓦特（lm/W）
照明功率密度	lighting power density (LPD)	单位面积上一般照明的安装功率（包括光源、镇流器或变压器等附属用电器件），单位为瓦特每平方米（W/m²）
单位照度功率密度	lighting power density per illuminance	单位照度的照明功率密度，即单位照度、单位面积上的照明安装功率
其他		
年曝光量	annual lighting exposure	度量物体年累积接受光照度的值，用物体接受的照度与年累积小时的乘积表示，单位为每年勒克斯小时（lx·h/a）
识别对象	recognized objective	需要识别的物体和细节
视觉作业	visual task	在工作和活动中，对呈现在背景前的细部和目标的观察过程
发光二极管灯	light emitting diode lamp	由电致固体发光的一种半导体器件作为照明光源的灯
频闪效应	stroboscopic effect	在以一定频率变化的光照射下，观察到物体运动显现出不同于其实际运动的现象
灯具遮光角	shielding angle of luminaire	灯具出光口平面与刚好看不见发光体的视线之间的夹角
光源的综合能效 TP	luminousFlux Time per Power	单位电功率所产生的光通量及时间围合的面积，单位 lm·h/W
光源经济效能 FTY	luminousFlux Time per Yuan	寿命周期内光衰曲线围合的面积与购买该灯的价钱之比，单位 lm·h/元

1.2 照明技术的发展趋势

近年来，照明技术发展迅猛，照明新产品、新技术、新系统不断涌现，照明技术的应用也跃上一个新的台阶。照明技术的发展趋势可以归纳为以下几方面。

1.2.1 照明标准百花齐放

标准是两面刃，旧的、落后的标准会阻碍新技术的发展；相反在技术发展到一定阶段后，需要标准规范产品的性能、参数、试验、检测等，为产品的应用奠定基础，避免混乱、无序的状态。

近年来的 LED 技术推动了照明技术的发展，厂家、工程公司、照明专业设计单位、照明学术组织等积极推动 LED 技术的应用，取得了可喜的成绩。而传统的设计院相对保守，理性对待 LED 照明新技术。（到 2017 年，设计院是推动 LED 技术普及与应用的一支重要力量）。

随着照明产品标准、设计规范逐渐完善，推动了照明技术的进步和应用。《建筑照明设计标准》（GB 50034—2013）推动了 LED 技术在照明中的应用。（2019 年，新版本的《民用建筑电气设计规范》（将由行业标准升级为国家标准）有望颁布执行），在照明设计、照明配电与控制、照明节能等方面均有新的要求。另一项全文强制性规范——《民用建筑电气技术规范》正在紧锣密鼓的研究、编制过程中，该规范将是建筑电气专业最重要的标准，其中包含电气照明一章。

1.2.2 LED 照明技术逐渐进入各个领域

在前几年应用、推广的基础上，LED 照明技术在各个领域得到进一步推广和普及。

首先，LED 技术日臻成熟，性价比逐渐提高，具备推广使用的条件。

例如，LED 球泡价格非常亲民，名优品牌的质量有所保障，完全能替代白炽灯。LED 平板灯将在办公室、会议室、教室等场所推广使用，有替代格栅灯的趋势（图 1-1）。

图 1-1　LED 球泡在京东网上价格差别较大

第二，标准规范为 LED 推广、普及起到保驾护航的作用。

正如本书 1.2.1 节中所说的，标准在规范产品、设计、安装、验收等各环节都能起到作用，而且我国标准工作改革以来，标准规范百花齐放，除政府主导的标准外，利用社会资源编制标准，与国际上发达国家的先进标准进一步接轨。

第三，先期的工程应用积累了宝贵的经验和教训，可为新的应用提供帮助和借鉴。

例如，早期的 LED 道路照明、LED 景观照明曾经留下很多问题，这些问题也是宝贵的财富，吃一堑长一智，在以后的产品研发、照明设计、工程实施、维护等方面得以改进和完善。

无独有偶，国际上也有类似的趋势。美国国家能源署（US Department of Ener-gy）2016 年 6 月发布的"Solid-State Lighting R&D Plan"，其中的一张图表可以说明问题。

由图 1-2 可知，南美、西欧、中国和日本使用光源的数量有所不同，时间跨度较大，从 2014～2022 年，可以从如下几点进行解读，找出照明的发展趋势：

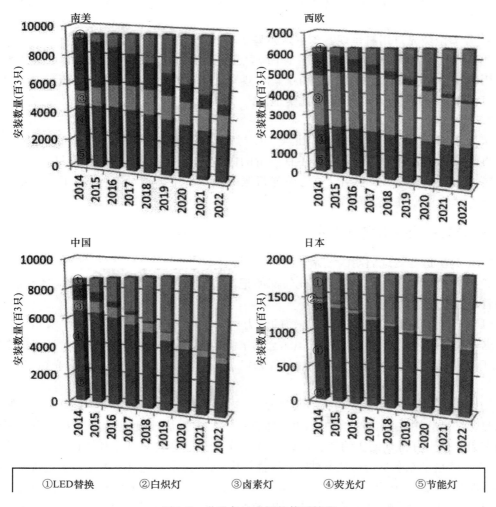

①LED 替换　②白炽灯　③卤素灯　④荧光灯　⑤节能灯

图 1-2　世界各地光源的使用情况

1. 总量

总量方面，中国与北美接近，高出西欧约 20％，是日本的 4 倍左右。这与美国、中国是世界前两大经济体地位相符合。

2. LED 灯用量逐年快速增加

四个地区和国家 LED 灯的安装数量的增长趋势比较一致，符合 LED 技术、经济特征。

3. 白炽灯用量逐年减少

中国淘汰白炽灯计划落实比较好，明显优于欧美两大区域。日本在白炽灯、卤素灯应用方面做得不错，日本的节能意识一直很强。

4. 荧光灯还有用武之地

尽管 LED 发展很快，但荧光灯尚未被淘汰，依然保持较好的活力，尤其中日两国更加明显。其性能稳定、高光效、良好的色度参数、便宜的价格使得其在市场上依然充满活力。

5. 西欧的卤素灯使用量依然很大

奇怪的是，欧美对卤素灯需求一直很大，尤其西欧更加明显，预计到 2022 年，西欧卤素灯用量与 LED 灯相当，令人费解。而亚洲的中国、日本对卤素灯用量呈现逐年下降趋势。

6. 紧凑型荧光灯用量呈现逐年下降趋势

北美的紧凑型荧光灯用量尽管逐年下降，但绝对数并不低；西欧和日本的紧凑型荧光灯使用量呈平稳下降趋势；中国近两年紧凑型荧光灯使用量接近北美，但预测未来紧凑型荧光灯使用量将快速下降，远低于北美地区。

7. 发展趋势

从发展的角度看，到 2022 年，北美 LED 灯使用量将独占鳌头，卤素灯、紧凑型荧光灯、直管荧光灯居第二梯队紧随，还有少量的白炽灯在使用；西欧的卤素灯与 LED 灯将位于第一梯队，两者旗鼓相当，直管荧光灯紧随其后；中国和日本将是 LED 灯和荧光灯的天下，其他光源将逐渐萎缩。

1.2.3　体育照明技术突飞猛进

1. 里约奥运会场地照明的技术动态

2016 年里约奥运会给我们留下比较深的记忆，虽有不足但还算圆满。从体育照明看，可以看出一些发展动态。

（1）金卤灯仍然是里约奥运会场馆的主力

据不完全统计，70％以上的里约奥运会场馆仍然采用价格相对低廉、性价比高的金属卤化物灯，并且金属卤化物灯技术成熟、性能稳定，仍是本届奥运会场馆的主力光源（图 1-3）。

（2）LED 体育照明来势凶猛

2016 年奥运会，LED 成为体育照明的新宠。据不完全统计，至少有 2000 多套 LED 场地照明灯具应用在各类场馆中，LED 体育照明技术发展速度很快，是未来场地照明发展的方向。据没有得到证实的消息，2020 年的东京奥运会将全部采用 LED 体育照明。而对于 2022 年的北京冬奥会，从奥林匹克转播机构 OBS 公布的北京冬季奥运会电视转播的照明标准来看，光源首选低功率灯（Low wattage lamps should be preferred），尽管没有直接要求采用 LED 灯，但国际冰壶联合会已经明确冰壶比赛场地应采用 LED 体育照明系统。

图 1-3 里约奥运场馆照明

（3）临时照明设施适用于大型综合性运动会

大型综合性运动会使用场馆数量较多，除使用永久性场馆外，还需要利用会展中心等大空间场所设置临时场馆，有的还需要利用低等级场馆。前者最合适的照明方案是采用临时性的场地照明系统，后者可以采用补充照明方式提高低等级场馆的照明标准，以满足奥运会的要求。近三十年的夏季奥运会、冬季奥运会的经验表明，临时照明系统是场馆照明的重要方式，其特点鲜明——可靠、经济、安全。

2. 国际体育组织的新变化

其实，体育照明新技术在近十多年一直持续的发展，总体上可以概况为如下几个方面：

（1）国际标准的变化

1）足球场场地照明标准

足球是当今世界第一大体育运动，2011 年国际足球联合会 FIFA 颁布的《足球场》标准中第 9 章是体育照明，其足球场地的照明标准值见表 1-2。

足球场地的照明标准值   表 1-2

比赛等级		计算朝向	水平照度			垂直照度			光源	
			E_h(lx)	照度均匀度		E_v(lx)	照度均匀度		相关色温 T_{cp}(K)	一般显色指数 Ra
				U_1	U_2		U_1	U_2		
没有电视转播	Ⅰ	训练和娱乐	200	—	0.5	—	—	—	>4000	≥65
	Ⅱ	联赛和俱乐部比赛	500	—	0.6	—	—	—	>4000	≥65
	Ⅲ	国内比赛	750	—	0.7	—	—	—	>4000	≥65

续表

比赛等级		计算朝向	水平照度			垂直照度			光源	
			E_h(lx)	照度均匀度		E_v(lx)	照度均匀度		相关色温 T_{cp}(K)	一般显色指数 Ra
				U_1	U_2		U_1	U_2		
有电视转播	Ⅳ	国内比赛								
		固定摄像机	2500	0.6	0.8	2000	0.5	0.65	>4000	≥65
		场地摄像机				1400	0.35	0.6		
	Ⅴ	国际比赛								
		固定摄像机	3500	0.6	0.8	>2000	0.6	0.7	>4000	≥65
		场地摄像机				1800	0.4	0.65		

注：1. 表中照度值为维持照度值。
　　2. E_v 为固定摄像机或场地摄像机方向上的垂直照度，手持摄像机和摇臂摄像机统称为场地摄像机。
　　3. 各等级场地内的眩光值应为 $GR \leqslant 50$。
　　4. 维护系数不宜小于 0.7。
　　5. 推荐采用恒流明技术。

　　需要说明，该标准一直由足球发达国家主导编制，这些国家足球比赛等级及体系非常完善。表中第Ⅲ等级"国内比赛"与我国的"专业比赛"接近；第Ⅱ等级的"联赛和俱乐部比赛"属于低级别的比赛，与我国"业余比赛、专业训练"相似。

　　从表 1-2 可以看出，国际足联的照度标准变化很大，从 2002 版到 2011 版，国际足联颁布三个版本的足球标准，以最高等级的比赛为例，列表并与我国标准进行对比，见表 1-3。

足球场场地照明照度标准的变化　　　　　　　　　　　表 1-3

标准及年份	下限值		上限值
	固定摄像机，E_v(lx)	场内摄像机，E_v(lx)	E_h(lx)
FIFA-2002	1400	—	3000
FIFA-2007	2400	1800	3500
FIFA-2011	2000	1800	3500
JGJ 153—2007	2000	1400	4000
JGJ 153—2016	2000	1400	3600

注：《体育场馆照明设计及检测标准》（JGJ 153—2016）第 4.4.1 条规定，有电视转播时场地平均水平照度与平均垂直照度的比值宜为：体育场 0.75～1.8，体育馆 1.0～2.0。表中 E_h 按 1.8 倍计算得出。

　　需要说明 FIFA 2002 版有慢动作摄像机 Slow Motion Cam.（对应照度 1800lx）和移动摄像机 Mobile cam.（对应照度 1000lx），而 2007 版、2011 版只有场内摄像机 Fieldcam，两类摄像机性质不同，本文取 FIFA 2002 版中慢动作摄像机方向上的垂直照度 1800lx 参与比较。

　　固定摄像机方向上的垂直照度 2002 年版只需 1400lx 即可，2007 版达到不可思议的 2400lx，到了 2011 年版回落到 2000lx，与我国标准《体育场馆照明设计及检测标准》的两个版本相一致。场内摄像机方向上的垂直照度基本持平，没有变化，略高于我国标准。水平照明维持在 3000～3500lx 水平，低于我国 2007 版 4000lx 的要求，与 2016 版的我国标准相当。

　　国际足联对场地照明的光源色度参数的要求也是在变化的。

　　光源的色度参数对电视转播至关重要，主要有显色性和色温。国际足联在这方面有明显的变化，见表 1-4。

足球场场地照明光源色度参数的变化 表 1-4

标准及年份	Ra	LED R9	T_k(K)
FIFA-2002	80	—	5500
FIFA-2007	65	—	4000
FIFA-2011	65	—	4000
JGJ 153—2007	90	—	5500
JGJ 153—2016	90	20	5500

注：表中均为最高等级的参数。

国际足联从 2002 版到 2007 版将一般显色指数 Ra 的下限值由 80 调低到 65，而 2011 版本继续维持下限值为 65。相关色温的下限值由 5500K 下调到 4000K。很显然，我国标准与 FIFA 2002 版本的较接近，并一直沿用至今。

2）田径场场地照明新标准

国际田径联合会 IAAF 的标准于 2008 年颁布、实施，即《国际田联田径设施手册》2008 年版，其中 5.1 节是关于体育照明的，其田径场地的照明标准值参见表 1-5。

田径场地的照明标准值 表 1-5

比赛等级		计算朝向	水平照度			垂直照度			光源	
			E_h(lx)	照度均匀度		E_v(lx)	照度均匀度		相关色温 T_{cp}(K)	一般显色指数 Ra
				U_1	U_2		U_1	U_2		
没有电视转播	Ⅰ	娱乐和训练	75	0.3	0.5	—	—	—	>2000	≥20
	Ⅱ	俱乐部比赛	200	0.4	0.6	—	—	—	>4000	≥65
	Ⅲ	国内、国际比赛	500	0.5	0.7	—	—	—	>4000	≥80
有电视转播	Ⅳ	国内、国际比赛+TV应急	固定摄像机	—	—	—	1000	0.4	0.6	>4000	≥80
	Ⅴ	重要国际比赛，如世锦赛和奥运会	慢动作摄像机	—	—	—	1800	0.5	0.7	>5500	≥90
			固定摄像机	—	—	—	1400	0.5	0.7	>5500	≥90
			移动摄像机	—	—	—	1000	0.3	0.5	>5500	≥90
			终点摄像机	—	—	—	2000				

注：1. 各等级场地内的眩光值应为 $GR \leqslant 50$。
2. 对终点摄像机来说，终点线前后 5m 范围内的 U_1 和 U_2 不应小于 0.9。
3. 表中的照度值是最小维持平均照度值，初设照度值应不低于表中照度值的 1.25 倍。

与足球相类似，田径国际标准也是由欧美发达国家主导编制，田径各等级比赛比较完善。表中第Ⅲ等级"国内、国际比赛"尽管没有电视转播，但它是专业比赛，与我国的"专业比赛"等级接近；第Ⅱ等级的"俱乐部比赛"也是低级别的比赛，属于业余比赛，与我国"业余比赛、专业训练"等级相似。从表中还可以看出，相关参数基于金卤灯场地照明系统，与现在的 LED 场地照明还是有些差别的。

3）2022 年北京冬奥会标准

距离 2022 年北京冬奥会还有 5 年多时间，奥林匹克转播机构 OBS 公布了北京冬季奥运会电视转播的照明标准。将该标准与 2008 年北京夏季奥运会转播的照明标准进行对比，从中能看出标准的变化。

① 关键指标

与夏季奥运会一样，照度、照度均匀度和色度参数是冬奥会转播照明的关键。照度可以保证有足够的照明来保障转播有高质量的图像效果；比赛场地（FOP）上照明的均匀度是高质量转播的关键；还要求整个场地上光的色度参数要保持一致，不能有较大的变化。

② 奥运会期间灯光保持不变

夏季奥运会也是如此，整个冬季奥运会期间，任何人不能对已经检测、验收的照明系统进行调整，包括奥组委、设计师。

③ 主要参数指标

FOP 上任何一点的主摄像机方向上的最小垂直照度不低于 1600lx，高于 2008 年北京夏季奥运会 1400lx 的要求。折算到主摄像机方向上的平均垂直照度，约在 2200lx 左右。

光源色温：T_c＝5600K。

④ 备用照明

电视转播权是奥运会主要收入，因此对备用照明要求很高［《体育场馆照明设计及检测标准》（JGJ 153—2016）称之为 TV 应急］，即在正常照明电源停电的情况下，需要奥组委提供 50% 的备用电源，为一半的场地照明供电，并保证这 50% 的场地照明是均匀分布的。

这部标准中对光源描述为首选低功率灯（Low wattage lamps should be preferred），没有直接提 LED 灯。但国际冰壶联合会已经明确冰壶比赛场地要采用 LED 体育照明系统。

4）棒球及垒球场场地照明新标准

美国棒球、垒球比较发达，职业化水平高，其棒垒球场地照明标准在国际上处于领先地位。2009 年新修订的《体育和娱乐场地照明》IESNA RP-6-01 R2009 规定，无论标清电视还是高清电视转播，一般显色指数 $Ra \geqslant 65$，相关色温 T_c＝3000～6000K。

（2）灯具布置的新要求

1）足球场场地照明的布灯方式

国际足球联合会 FIFA 2011 年版的《足球场》标准对足球场照明布置有所调整，主要变化是增加了许多不能布置灯具区域，以保障运动员、裁判员避免眩光的影响，具体是下列部位不能布置灯具：

① 以底线中点为中心，当有电视转播时底线两侧各 15°角范围内的空间；当没有电视转播时底线两侧各 10°角范围内的空间。

② 场地中心 25°仰角球门后面空间内。

③ 以底线为基准，禁区外侧 75°仰角与禁区短边向外延长线 20°角围合的空间，但图 1-4 中所示区域除外。

当然，对于具有足球运动项目的综合性体育场，第①、②、③所述范围内可布置灯具，但足球模式时不应开灯。

2）棒球及垒球场场地照明的布灯方式

棒垒球场灯具布置有如下要求：

① 棒球场灯具宜采用 6 杆或 8 杆布置方式，垒球场灯具宜采用不少于 4 杆布置方式。当挑篷能满足要求时，宜利用挑篷安装灯具。

② 灯杆应布置在图 1-5 阴影区以外区域。

③ 灯具的高度需符合下列规定：

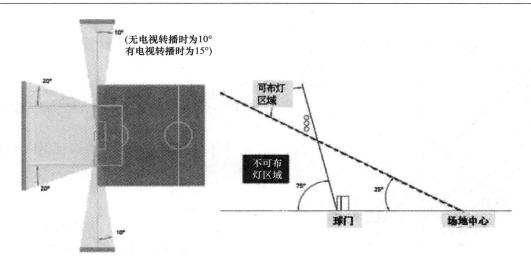

图 1-4 足球场不应布置灯具区域示意图

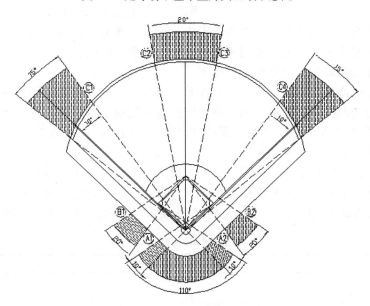

图 1-5 棒垒球场灯杆位置

A. 灯杆 A1 和 A2 上灯具的最小安装高度应按公式（1-1）计算：

$$h_a \geqslant 27.43 + 0.5d_1 \tag{1-1}$$

式中　h_a——A1、A2 灯杆上灯具的安装高度（m）；

　　　d_1——A1、A2 灯杆距场地边线的距离（m）；

B. 灯杆 B1、B2 上灯具的最小安装高度应按公式（1-2）计算：

$$h_b \geqslant d_2/3 \tag{1-2}$$

式中　h_b——B1、B2 灯杆上灯具的安装高度（m）；

　　　d_2——通过 B1（B2）灯杆作一条平行于边线的直线，该直线与场地中线相交，此
　　　　　交点与 B1（B2）灯杆的水平距离为 d_2（m）；

C. 灯杆 C1~C4 上灯具的最小安装高度应按式（1-3）计算：

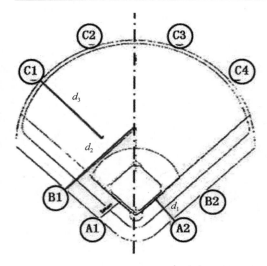

图 1-6　棒垒球场灯杆高度

$$h_c \geqslant d_3/2 \qquad (1\text{-}3)$$

式中　h_c——C1～C4 灯杆上灯具的安装高度（m）；

d_3——C1～C4 灯杆上的灯具最远投射距离（m）；

D. 灯杆上的灯具最低安装高度不应小于 21.3m。

（3）其他变化

1）恒流明技术

"恒流明"一词早在 2007 版的国际足联标准中就已经推荐使用，英文为"Constant illumination lamp technology"，也可称为"恒照度"。国际足联 2011 版本标准中继续推荐使用该技术。恒流明的含义是在光源寿命周期内，光源的光通量保持不变或在很小范围内变化。因此，恒流明实际上是光源光通量保持不变的现象。毋庸置疑，使用恒流明技术的灯具，可以在光源寿命周期内保持场地照度不变。

如上所述，恒流明技术是国际足联推荐采用的技术，在光源寿命周期内，其光通量基本保持不变，为场地提供稳定的照明。我国研究机构证明了这一点，复旦大学信息学院光源和照明工程系 2009 年完成的"恒定照度测试报告"指出，在长达 5000h 的照明测试中，实际照度维持值与设计值的偏差在-5％～+4.5％。

另一方面，恒流明技术为节能减排、节省投资也能作出不小的贡献。复旦大学的"恒定照度测试报告"表明，以恒流明技术的 LSG-1500W 灯具为例，测试地点位于复旦大学某网球场，总共测试系统运行 5000h，每隔 100h 或 250h 测试一次，实测数据汇总于表 1-6。

恒流明灯具实测功率　表 1-6

时间（h）	镇流器前端功率（W）	镇流器后端功率（W）
0～500	1350	1280
500～2000	1500	1400
2000～3500	1600	1520
3500～5000	1800	1600

将表 1-6 可转换成图 1-7 更加直观，实测表明，单灯能耗基本不变。光源在整个寿命周期内，前 2000h 灯具实际电功率（包括镇流器功率）低于灯具的额定功率，2000～5000h 灯具电功率略有增加。光源整个寿命周期内灯具实际电功率为其额定功率的 86.5％～115.4％，图中区域②围合的面积为实测数据，其围合的面积为实际使用的有功电度，电费支出将以此为依据。区域①围合的矩形为恒定功率 1500W 运行 5000h，这是理想状态。实际运行围合的面积与区域①围合的面积非常接近，仅增加 2.91％。

从分析可以得出如下结论：

第一，恒流明技术可以获得稳定的照明效果。从实测数据看，当采用恒流明技术的金卤灯灯具时，维护系数可取 0.95，为了确保可靠性维护系数可取 0.9。

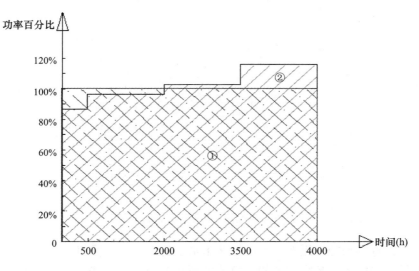

图 1-7 恒流明技术的灯具测试分析

第二，所用灯具数量较少。采用恒流明灯具数量上要少用 22%，相应电能也少用 22%，且一次投资减少，维护量也相应减小。

第三，单灯能耗基本不变。实测表明，光源在整个寿命周期内，前 2000h 灯具实际电功率（包括镇流器功率）低于灯具的额定功率，2000～5000h 灯具电功率略有增加，光源整个寿命周期内灯具实际电功率为其额定功率的 86.5%～115.4%。

因此，场地照明采用恒流明技术的灯具在全寿命周期内总能耗有所降低，单灯能耗基本不变，而照度保持相对稳定。

该技术起源于金卤灯时代，现在进入 LED 体育照明时代，该技术也是很有意义的，LED 的驱动装置可以容易地实现恒流明效果。

2）光污染的控制要求

足球场场地照明经常会出现灯光外溢现象，大功率的场地照明照射到体育场外，不仅造成能源浪费，而且产生令人反感的光污染，为此国际足联对场地照明外溢光提出限制性指标，见表 1-7，外溢光在体育场外 50m 和再向外 200m 作为计算点和测量点，既考核水平照度，也要考核垂直照度。示意图如图 1-8 所示。

足球场场地照明外溢光限值   表 1-7

	照度值（lx）	体育场外距离
水平外溢光	25	体育场外 50m
水平外溢光	10	再向外 200m
垂直外溢光	40	体育场外 50m
垂直外溢光	20	再向外 200m

3）光源的色度参数

体育照明中的光源色度参数在我国成为争论的焦点。对于高清电视转播的场地照明来说，一种观点认为一般显色指数 Ra 不低于 80，最好 90；另一种观点认为 $Ra \geqslant 65$ 即可。其实这个问题在国际上也是争论的焦点，上述两个观点分别代表欧洲和北美的观点。

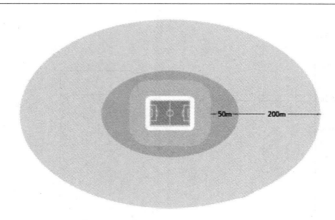

图 1-8　足球场外溢光限值示意图

笔者认为：近年来随着摄像机、电视技术水平的提高，摄像机对人工光的适应能力也在提高，对场地照明的显色指数和相关色温的要求有所降低。表 1-8 列出了部分国际上的最新要求和技术动态。

国际场地照明新标准　　　　　　　　　　　表 1-8

标准和机构	名称	版本年份	相关色温（K）	一般显色指数	对应的垂直照度值（lx）	备注
FIFA 国际足联	足球场	2011 版、2007 版	≥4000	≥65	>2000	各等级有要求的相同
ITF 国际网联	网球场人工照明指南	2003	4000/5500	≥65，最好 90	1750/2500	适用室内外场地，PA/TA
FIH 国际曲棍球联盟	曲棍球场地人工照明指南	2011	≥4000	≥65	>2000	
CIE 国际照明委员会	彩色电视转播体育赛事照明设计准则	CIE 169，2005	3000~6000	65~>90		室外≥4000K；室内≤4500K
北美照明工程学会	体育和娱乐场地照明推荐	IESNA RP-6-01，2009	3000~6000	≥65		电视摄像机：3000~6000K；电影：3200K，钨光源，或 5600K 白天
ESPN 体育电视网	专业网球基本照明要求	2006	≥3600	≥65		
ICN Channel 5		2006	4000	≥65		

笔者对国际上这些新技术的变化和动态进行了研究和分析，供读者参考。

第一，科研成果验证了国际上技术的新变化。

在编制《体育建筑电气设计规范》（JGJ 354—2014）过程中，规范编写组针对国际上新出现的技术动态和变化进行了专项研究，即"关于光源色度参数对体育比赛电视转播图像质量影响的研究"。研究表明，对电视观众来说，光源一般显色指数为 65、相关色温为4000K，以及光源一般显色指数为 90、相关色温为 5500 这两类人工照明情况下拍摄出的体育比赛画面没有明显差别，可以被电视观众和行业专家所接受。

第二，选择适宜色温和显色性的光源符合节能方针，有利于降低工程造价。

表 1-9 列出了主流的大功率金属卤化物灯的技术参数，从表中可知，同系列高色温、高显色性与标准色温和标准显色性相比，光源光效降低 10%～30%，而且价格相对也较高，一次投资有所增加。

大功率金卤灯光效比较（工作电压 400V）　　　　　　　　　　　表 1-9

型号、规格	功率（W）	光效（lm/W）	光通量（lm）	工作电流（A）	色温（K）	显色指数 Ra
MHN SA/956 2000W400V	2000	90	180000	11.3	5600	92
MHN SA/856 2000W400V	2000	100	200000	11.3	5600	80
HQI-T 2000/N/E/SUPER	2000	110	220000	8.8	4000	60～69
HQI-T 2000/D	2000	90	180000	10.3	6000	≥90

因此，体育照明应根据体育场馆的等级选择合适色温和显色性的光源。

另一方面，光源必须与灯具有良好的配合。一般来说，$Ra=65$ 的光源多为单端金卤灯，而 $Ra \geq 80$ 多为双端金卤灯。如图 1-9 所示，前者体积相对较大，但它装在灯具内垂直于灯具前玻璃罩，接近点光源，灯具反射器有利于对光的控制，配光有几十种，甚至数千种之多。而后者的光源体积相对较小，但它平行于灯具前端玻璃罩安装，它是线光源，灯具反射器对光的控制无优势，一般只有 3～5 种配光。

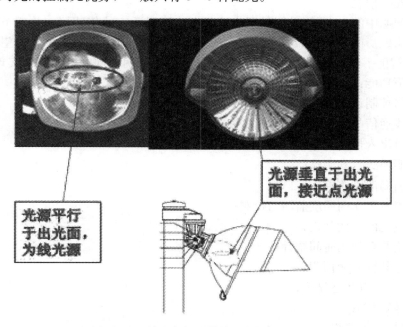

光源平行于出光面，为线光源

光源垂直于出光面，接近点光源

图 1-9　双端金卤灯和单端金卤灯灯具比较

第三，全球顶级的体育转播机构普遍采用标准显色性的光源，验证了体育转播照明新技术动态。

ESPN 是全球专业的、顶级体育赛事转播机构。美国又是体育职业化、产业化最发达的国家，ESPN 等转播机构的标准要求 $Ra \geq 65$、$T_k \geq 3600K$，其转播的电视节目、转播产品传遍全世界，深得球迷的喜爱。

综上所述，笔者认可并验证了近年来国际场地照明技术新动向的合理性和科学性。

1.2.4　前卫照明技术各显神通

当今互联网技术发展迅猛，已经进入 Internet＋时代，传统行业纷纷拥抱互联网，希望搭上互联网这趟高速列车。在此背景下，"Internet＋照明"带来了新的气象、新的机遇。

1. 智慧照明和互联网照明技术有新进展

智能照明经过近 20 年的应用相对比较成熟，在此基础上，结合网络技术、通信技术、信息技术等升级到智慧照明技术。现在许多单位和机构在进行探索性研究，取得了一些新进展，尤其互联网照明体现当今照明技术最新进展，特点鲜明，希望未来几年有比较大的突破。

中国照明学会照明控制专业委员会积极开展照明控制技术的研究、探索和应用，并制定了详细的工作计划，敬请关注！

其中，互联网照明（internet lighting）获得重大突破。当今互联网技术日益成熟、普及，与我们的生活息息相关。在 Internet＋时代，"Internet＋LED 照明"为照明领域拓展了更广阔的发展空间和更加美好的前景，室内照明将是互联网照明重要的应用领域。通过互联网技术，LED 灯被赋予唯一地址，可以被智能建筑、智慧城市无缝集成，并可以通过互联网进行灵活、多变的控制，而且可以共享照明装置的有关信息、运行灯具状态、维护情况、能耗等信息。

互联网照明中的 LED 灯采用低压直流供电，配置适宜的传感器，并赋予地址，通过互联网技术构成功能超强的照明及控制系统，"智慧照明及其控制系统"有望实现。每个 LED 灯将与智能手机相连成为智能灯具终端，在满足照明的同时，还可以实现如下功能，但不限于以下功能：

（1）网络控制；

（2）无线通信与照明系统集成；

（3）人员出入探测与统计；

（4）照明模式自动调整；

（5）室内温湿度监控；

（6）室内及工作面照度监测与控制；

（7）天然光的有效利用；

（8）照明装置使用时间统计；

（9）照明装置寿命预测；

（10）照明装置状态显示；

（11）故障报警；

（12）维护、维修提醒；

（13）能耗统计与分析；

（14）报表生成；

（15）可见光通信；

……

POE 技术是互联网照明的先锋，这项革命性的技术已经出现，并进行了探索性的应用，符合 IEEE 802.3 标准，为其应用奠定了坚实的基础。POE 即 Power Over Ethernet，在以太网 Cat.5 布线基础架构下同时为基于 IP 的终端传输数据信号，并且为该设备提供直流电源的技术，简称以太网供电。两个版本的标准见表 1-10。

两个 POE 版本的比较　　　　　　　　　　　　　　　　　　　　表 1-10

标准编号	IEEE 802.3af	IEEE 802.3at
颁布时间	2003 年 6 月	2005 年 7 月
供电容量（W）	15.4	25.5
供电、数据传输对象	IP 电话、网络摄像机、无线 LAN 接入点等	IP 电话、网络摄像机、无线 LAN 接入点、双波段接入、视频电话、PTZ 视频监控系统等
LED 供电	小容量、试验性	容量得以增加，仍然处于试验阶段
	保护、接地、载流量、供电距离等问题需进一步研究	

因此，互联网照明将成为未来建筑照明的重要技术，为建筑照明提供基于位置的服务和关联信息。

2. 建筑材料照明系统

在建筑师、室内设计师的眼中，LED 也是一种建筑材料，它和墙面、地面、顶棚、玻璃等有机结合，创造出与众不同的效果。因此，这类 LED 的应用已经超出原有照明的范畴。

以图 1-10 为例，图中是建筑中常用的地砖。其实它既是地砖也是灯，会发光、变色、调光的灯。

图 1-10　发光地砖

就技术含量来讲，该产品难度并不大。高仿地砖的内部安装 LED，再加 DMX 控制，如此简单，一件会发光的地砖就这样诞生了！笔者推荐它是因为该产品的研发思路是正确的，可充分发挥 LED 的特点，将 LED 灯制作成建筑材料或装修材料，一举两得。有别于当下绝大多数的 LED 灯具——沿用传统光源灯具的设计思路。白天，地砖就是大家常见的大理石效果；晚上则大不一样，地砖内透出柔和的光彩，配上 DMX 控制系统，让地面变得有趣、动感，实现人与光的互动。

主要技术参数：

(1) 发光颜色：RGB；

(2) 电压：DC 24V；

(3) 功率：1.3W/块 ；

(4) 发光角度：>120°；

(5) 控制方式：DMX512。

其中采用 DC24V 电源适合室内外使用（地砖采用双层防水设计，具有较强的防水能力）。从电击防护角度看，采用 SELV 安全特低电压系统用电安全没有问题。

因此，笔者称赞该产品的设计思路，将 LED 与建筑材料或装修材料有机结合（戏称转基因建材），创造出会发光的建材！

3. 超越照明

当今世界是信息爆炸的时代，资信多而快。新概念也不断"爆炸"，就照明行业而言，智能照明还没完善，智慧照明没有标准，又出现许多新概念，例如互联网照明、健康照明、植物照明、禽类照明、医疗照明、光通信等，每一个概念都需要丰富其内涵和实质。你知道超越照明吗？

(1) 超越照明是一个宽泛的概念

超越照明是相对于传统照明而言的，传统照明是利用各种光源为某场所、房间、物体提供满足视觉要求的光照。而超越照明尚没有明确的定义和界定，传统照明之外都可以划归到超越照明，例如健康照明、植物照明、禽类照明、车用照明、医疗照明、光通信等，并且其内涵不断扩充。与其说超越照明不如说新照明。当某类超越照明成熟了，其应用才能普及、推广。

(2) 超越照明只是概念

超越照明目前只是概念，属于前沿研究。既然是概念，尚需要完善，需要进一步研究，到了有超越照明设计标准、评价标准时，应用才能提到议事日程。

概念要"炒"，这是仰望星空；更需要落地，这是脚踏实地。请大家关注超越照明！

1.2.5　照明节能环保是永恒的主题

由于照明用电量占社会总用电量的 12%～14%，是建筑物除暖通空调之外的第二大用能系统。因此，照明系统有着巨大的节能潜力。随着 LED、互联网等技术的不断发展和技术融合，照明节能迎来大发展的春天。本书将在第 7 章就此话题展开讲述和讨论。

第 2 章　室　内　照　明

2.1　照明计算

2.1.1　照明计算公式

由北京照明学会照明设计专业委员会组织编著的《照明设计手册》(第三版)(中国电力出版社 2017 年 4 月出版)给出了利用系数法计算室内场所的平均照度,其公式如下:

$$E_{ave} = \frac{N\phi UK}{A} \qquad (2\text{-}1)$$

式中　E_{ave}——被照工作面上的平均照度 (lx);

　　　N——灯的盏数;

　　　ϕ——每盏灯发出的光通量 (lm);

　　　U——利用系数,投射到工作面上的光通量 (包括直射光通和多方反射到工作面上的光通) 与全部光源发出的光通量之比,由厂家提供;

　　　K——维护系数,查手册中的表格。民用建筑中的室内一般取 $K=0.7\sim0.8$ (每年擦拭灯具不少于 2 次),污染严重的场所如厨房 $K=0.6$ (每年擦拭灯具不少于 3 次);

　　　A——受照房间的面积 (m²)。

从公式可以看出,利用系数 U 是关键参数,其值与墙壁、顶棚、地面的反射系数及房间的空间特征有关,房间的空间特征用室空间比 RCR 表示,RCR 用公式 (2-2) 计算。

$$RCR = 5h(l+b)/lb \qquad (2\text{-}2)$$

式中　RCR——室空间比;

　　　l——房间的长度 (m);

　　　b——房间的宽度 (m);

　　　h——房间的室空间高度 (m),如图 2-1 所示。

房间的空间特征还可以用室形指数 RI 表示,RI 用公式 (2-3) 计算。

$$RI = lb/h(l+b) = 5/RCR \qquad (2\text{-}3)$$

传统照明灯具的 U 值一定小于 1,举例见表 2-1 和表 2-2。表 2-1 为裸单管荧光灯的利用系数,U 值最大为 65%;表 2-2 为带反射罩式多管荧光灯的利用系数,U 的最大值为 82%。从表中可以看出,利用系数 U 最大值出现在顶棚、墙面、地面反射比较高时,且室形指数 RI 较大时。

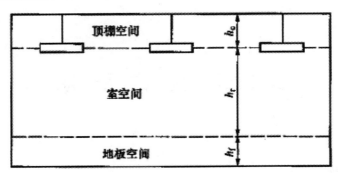

图 2-1　室形空间

裸单管荧光灯利用系数　　　　　　　　　　　　　　　　　　　　表 2-1

| 有效顶棚反射比 ρ_t | 70 | | | 50 | | | 30 | |
| 有效墙壁反射比 ρ_q | 50 | 30 | 10 | 50 | 30 | 10 | 30 | 10 |
室形指数 RI	利用系数 U(%)							
0.6	27	22	18	26	21	18	20	17
0.8	34	29	25	32	28	24	26	23
1.0	38	33	29	36	31	28	31	27
1.25	42	37	33	39	35	31	33	30
1.5	46	41	34	42	38	34	36	33
2.0	51	46	41	47	42	39	40	37
2.5	55	50	45	51	47	43	44	41
3.0	58	53	48	57	49	45	46	43
4.0	63	57	53	57	53	50	50	45
5.0	65	60	56	60	55	52	52	50

带反射罩式多管荧光灯利用系数　　　　　　　　　　　　　　　　表 2-2

顶棚 P_t	70		50	30
墙壁 P_q	50		30	10
地面 P_d	30	10	30	10
室形指数 RI	利用系数 U(%)			
0.6	36	34	29	25
0.7	40	38	33	29
0.8	44	42	36	33
0.9	47	45	39	35
1	50	47	42	38
1.1	53	50	44	40
1.25	57	53	48	43
1.5	61	57	52	47
1.75	65	60	54	51
2	68	62	57	54
2.25	70	64	59	56
2.5	72	65	60	57
3	75	67	63	60
3.5	78	69	65	62
4	80	70	66	64
5	82	72	69	66

　　从另一方面看，假设顶棚、墙面、地面的反射比分别为 70%、50%、30%，灯具的利用系数与室形指数的关系如图 2-2 所示。RI 越大，U 值也越大。

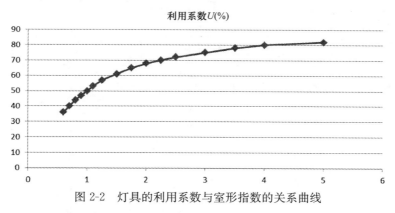

图 2-2　灯具的利用系数与室形指数的关系曲线

2.1.2　LED 灯的利用系数

　　LED 照明时代，许多同行质疑传统的照明计算是否适合 LED 照明？笔者认为，LED 照明计算可以采用传统的照明计算方法，只是 LED 灯具的利用系数 U 比较大，甚至出现大于 1 的现象，比传统光源照明的 U 值要大很多，也就是说实际到达被照面上的光通量比光源的光通量大，这就是 LED 节能的主要原因。

　　不少同行对 LED 的利用系数大于 1 有些不解和困惑，认为是否突破了能量守恒定律。要说明这个问题，先从标准说起。《建筑照明术语标准》（JGJ/T 119—2008）给出了利用系数的定义，即投射到参考平面上的光通量与照明装置中的光源的光通量之比。可以用公式（2-4）表示：

$$U = \frac{\phi_1}{\phi_2} = \frac{(\phi_{1d} + \phi_{1r})}{\phi_2} \tag{2-4}$$

式中　Φ_1——投射到参考平面上的光通量，包括直射光通量 ϕ_{1d} 和反射光通量 ϕ_{1r}；
　　　ϕ_2——光源的光通量。

　　而 LED 具有较好的方向性，其投射到参考平面上（一般为工作面）的光通量相对较多，不像传统光源和灯具在光传递过程中损失那么大，满足一定条件的 LED 灯 ϕ_{1d} 接近 ϕ_2，因此，存在 $U > 1$ 的情况。

　　图 2-3 是欧司朗某款 LED 灯的利用系数表，该图来自实测数据，其中线条围合部分的利用系数均大于或等于 1。

　　相类似的，图 2-4 是松下照明某款 LED 灯具的利用系数表，图中线框中利用系数也都大于或等于 1。图中采用室形指数 RI。

　　从图 2-3 和图 2-4 可以看出，利用系数大于等于 1 的必要条件如下：

　　（1）直接型灯具，向下光通达 100%，灯具效率高。

　　（2）窄光束，光线集中。宽光束很难有较高的利用系数值。

　　（3）顶棚、墙面、地面具有较好的反射性能。

　　（4）室空间比 RCR 小，或室形指数 RI 大。对照公式（2-3），就是要求地面面积（$l \cdot b$）远大于墙面面积 $[h(l+b)]$，灯具安装高度不高。

```
Test:U:230.0V I:0.1348A P:30.15W PF:0.9720  Lamp Flux:3142.81x1 lm
```

NAME: PAR30 230V 3000K 31W 15°			TYPE:		WEIGHT:360g	
SPEC.:3000Lm,3000K,CRI:80,L70>25000h			DIM.: 128X95mm		SERIAL No.:C-160106-1-1	
MFR.: OSRAM ASIA Pacific Management			SUR.:		PROTECTION ANGLE:	

ρcc	80%			70%			50%			30%			10%			0
ρw	50%	30%	10%	50%	30%	10%	50%	30%	10%	50%	30%	10%	50%	30%	10%	0
ρfc	20%			20%			20%			20%			20%			0
RCR	RCR:Room Cavity Ratio						Coefficients of Utilization(CU)									
0.0	1.19	1.19	1.19	1.16	1.16	1.16	1.11	1.11	1.11	1.06	1.06	1.06	1.02	1.02	1.02	.00
1.0	1.13	1.11	1.10	1.11	1.09	1.08	1.07	1.06	1.05	1.03	1.02	1.01	.00	.99	.99	.97
2.0	1.08	1.05	1.03	1.06	1.04	1.02	1.03	1.01	.99	1.00	.99	.97	.98	.96	.95	.94
3.0	1.04	1.00	.97	1.02	.99	.97	.00	.97	.94	.98	.96	.94	.96	.94	.92	.91
4.0	.00	.96	.93	.99	.95	.93	.97	.94	.92	.95	.93	.91	.93	.91	.90	.89
5.0	.97	.93	.90	.96	.92	.90	.94	.91	.89	.93	.90	.88	.91	.89	.87	.86
6.0	.94	.90	.87	.93	.90	.87	.92	.89	.86	.91	.88	.86	.90	.87	.85	.84
7.0	.91	.87	.85	.91	.87	.85	.90	.86	.84	.89	.86	.84	.88	.85	.83	.82
8.0	.89	.85	.83	.89	.85	.82	.88	.84	.82	.87	.84	.82	.86	.83	.82	.81
9.0	.87	.83	.81	.87	.83	.81	.86	.83	.80	.85	.82	.80	.84	.82	.80	.79
10.0	.85	.81	.79	.85	.81	.79	.84	.81	.79	.83	.81	.79	.83	.80	.78	.78

图 2-3　欧司朗某款 LED 灯的利用系数

屋内照明器具特性

品番（品名）	NNNC00411WLE
光源	LED ×1　3140.0 lm
管理番号	K0134581（3）DJ0
BZ分類	BZ1
器具効率	101%
上方光束	0%
下方光束	101%
保守率	良／中／否
下方投影面積	cm²
等価発光面積	cm²
取付高さ　器具周囲最大限　横方向（A）0.29Hm　縦方向（B）0.29Hm	

天井	80%				70%				50%				30%				0%
壁	70	50	30	10	70	50	30	10	70	50	30	10	70	50	30	10	0%
床	10%				10%				10%				10%				0%
室指数	照明率（×0.01）															ZCM
0.6	85	80	76	73	85	79	76	73	83	79	75	73	82	78	75	73	72
0.8	90	85	81	78	90	84	81	78	88	84	80	78	87	83	80	78	77
1.0	94	89	85	82	93	88	85	82	91	87	84	82	89	86	83	81	80
1.25	97	92	88	86	96	91	88	86	94	90	87	85	92	89	86	84	83
1.5	99	94	91	89	98	94	91	88	96	92	90	88	94	91	89	87	85
2.0	101	98	95	93	100	97	94	92	98	95	93	91	96	94	92	90	89
2.5	103	100	97	95	102	99	97	95	100	97	95	94	98	96	94	93	91
3.0	104	101	99	97	103	100	98	97	101	99	97	95	99	97	95	94	92
4.0	105	103	101	100	104	103	101	99	102	100	99	98	100	99	97	96	94
5.0	106	104	103	101	105	103	102	101	103	101	100	99	101	100	99	98	95
7.0	107	106	105	104	106	105	104	103	104	103	102	101	102	101	101	99	97
10.0	108	107	106	105	107	106	105	104	105	104	103	102	103	102	101	101	98

图 2-4　松下某款 LED 灯具的利用系数

因此，LED 灯的利用系数大于 1 是存在的，传统的照明计算也是有效的。正因如此，LED 灯比传统的照明光源和照明装置更节能。

2.2　照明标准

首先要说明，本节不是讲述标准，而是讲述对标准的理解、讨论，以及中外标准的对比。标准的原文请参阅相关标准、规范。

2.2.1 商业照明标准

商业照明设计的依据是相关设计标准，标准值又是具体的量化指标，可实施、可操作。对比中外商业照明标准值，我们可以发现我国的商业照明与国际水平处于同一水平（图 2-5）。

图 2-5 商业照明实例

表 2-3 是中国与 CIE、美国、英国商业照明照度标准值的对比。从表中可以看出，CIE 和英国标准相对比较宽泛，而美国标准按场所分得比较细，我国标准则居中。

中外商业照明标准照度值的对比 表 2-3

中国标准			CIE	美国标准	英国标准
房间或场所	参考平面及其高度	照度标准值（lx）	照度标准值（lx）	照度标准值（lx）	照度标准值（lx）
一般商店营业厅	水平面	300	300～500	顾客流动区域：100～300lx；需要仔细品鉴的销售区域：500～1000lx；需要吸引顾客的展示区域：1500～5000lx	500
一般室内商业街	地面	200			
高档商店营业厅	水平面	500			
高档室内商业街	地面	300			
一般超市营业厅	水平面	300			
高档超市营业厅	水平面	500			
仓储式超市	水平面	300			
专卖店营业厅	水平面	300			
农贸市场	水平面	200			
收款台	台面	500	500	500～1000	
包装台		—	500		

注：1. CIE 标准中面积较小的销售区域水平照度为 300lx，销售区域面积较大者为 500lx。
　　 2. 美国标准按场所规定的比较细，考虑因素较多。

表 2-4 是我国标准与 CIE 标准在眩光、显色性方面的对比。总体上看，这两个标准在眩光、显色性两个参数方面基本一致。

中外商业标准值对比   表 2-4

中国标准				CIE 标准	
房间或场所	UGR	U_0	Ra	UGR	Ra
一般商店营业厅	22	0.6	80		
一般室内商业街	22	0.6	80		
高档商店营业厅	22	0.6	80		
高档室内商业街	22	0.6	80		
一般超市营业厅	22	0.6	80	22*	80*
高档超市营业厅	22	0.6	80		
仓储式超市	22	0.6	80		
专卖店营业厅	22	0.6	80		
农贸市场	25	0.4	80		
收款台	—	0.6	80	19	80
包装台	—	—	—	19	80

注：CIE 笼统地称为销售区域。

由于我国商业照明标准与国际标准相近，所以我国商业照明的实际效果有了长足的进步，也与国际水平相当，为繁荣我国经济起到十分重要的作用。

2.2.2 对体育照明标准理解

《体育场馆照明设计及检测标准》（JGJ 153—2007）自出版、颁布以来对体育照明设计及检测起到很好的指导作用，并成功地指导了北京奥运会、广州亚运会、深圳大运会等一系列重大赛事的场馆设计。但无论 2007 版还是 2016 版，有些条款在应用过程中尚有不明确之处，需要进一步明确。笔者仅举一例进行说明。

该标准 2016 版第 4.2.1 条规定，体育馆场地照明标准值应符合表 2-5 的规定。

体育馆场地照明标准值   表 2-5

运动项目	等级	E_h (lx)	E_h		E_{vmai} (lx)	E_{vmai}		E_{vaux} (lx)	E_{vaux}		Ra	LED R_9	T_{cp} (K)	GR
			U_1	U_2		U_1	U_2		U_1	U_2				
篮球、排球、手球、室内足球、体操、艺术体操、技巧、蹦床	Ⅰ	300	—	0.3	—	—	—	—	—	—	65	—	4000	35
	Ⅱ	500	0.4	0.6	—	—	—	—	—	—	65	—	4000	30
	Ⅲ	750	0.5	0.7	—	—	—	—	—	—				30
	Ⅳ	—	0.5	0.7	1000	0.4	0.6	750	0.3	0.5	80	0	4000	30
	Ⅴ	—	0.6	0.8	1400	0.5	0.7	1000	0.3	0.5				30
	Ⅵ	—	0.7	0.8	2000	0.6	0.7	1400	0.4	0.6	90	20	5500	30
乒乓球	Ⅰ	300	—	0.5	—	—	—	—	—	—	65	—	4000	35
	Ⅱ	500	0.4	0.6	—	—	—	—	—	—				30
	Ⅲ	1000	0.5	0.7	—	—	—	—	—	—				30
	Ⅳ	—	0.5	0.7	1000	0.4	0.6	750	0.3	0.5	80	0	4000	30
	Ⅴ	—	0.6	0.8	1400	0.5	0.7	1000	0.3	0.5				30
	Ⅵ	—	0.7	0.8	2000	0.6	0.7	1400	0.4	0.6	90	20	5500	30
羽毛球	Ⅰ	300	—	0.5	—	—	—	—	—	—	65	—	4000	35
	Ⅱ	750/500	0.5/0.4	0.7/0.6	—	—	—	—	—	—				30

续表

运动项目	等级	E_h (lx)	E_h U_1	U_2	E_{vmai} (lx)	E_{vmai} U_1	U_2	E_{vaux} (lx)	E_{vaux} U_1	U_2	R_a	LED R_9	T_{cp} (K)	GR
羽毛球	Ⅲ	1000/750	0.5/0.4	0.7/0.6	—	—	—	—	—	—	65	—	4000	30
	Ⅳ	—	0.5/0.4	0.7/0.6	1000/750	0.4/0.3	0.6/0.5	750/500	0.3/0.3	0.5/0.4	80	0	4000	
	Ⅴ	—	0.6/0.5	0.8/0.7	1400/1000	0.5/0.3	0.7/0.5	1000/750	0.3/0.3	0.5/0.4				
	Ⅵ	—	0.7/0.6	0.8/0.8	2000/1400	0.6/0.4	0.7/0.6	1400/1000	0.4/0.3	0.6/0.5	90	20	5500	
柔道、摔跤、跆拳道、武术	Ⅰ	300	—	0.5							65	—	4000	35
	Ⅱ	500	0.4	0.6										30
	Ⅲ	1000	0.5	0.7										
	Ⅳ	—	0.5	0.7	1000	0.4	0.6	100	0.4	0.6	80	0	4000	
	Ⅴ		0.6	0.7	1400	0.5	0.7	1400	0.5	0.7				
	Ⅵ		0.7	0.8	2000	0.6	0.7	2000	0.6	0.7	90	20	5500	
拳击	Ⅰ	500	—	0.7							65	—	4000	35
	Ⅱ	1000	0.6	0.7										30
	Ⅲ	2000	0.7	0.8										
	Ⅳ	—	0.7	0.8	1000	0.4	0.6	1000	0.4	0.6	80	0	4000	
	Ⅴ		0.7	0.8	2000	0.6	0.7	2000	0.6	0.7				
	Ⅵ		0.8	0.9	2500	0.7	0.8	2500	0.7	0.8	90	20	5500	
击剑	Ⅰ	300	—	0.5	200	—	0.3				65	—	4000	35
	Ⅱ	500	0.5	0.7	300	0.3	0.4							
	Ⅲ	750	0.5	0.7	500	0.3	0.4							
	Ⅳ		0.5	0.7	1000	0.4	0.6	750	0.3	0.5	80	0	4000	—
	Ⅴ		0.6	0.8	1400	0.5	0.7	1000	0.3	0.5				
	Ⅵ		0.7	0.8	2000	0.6	0.7	1400	0.4	0.6	90	20	5500	
举重	Ⅰ	300	—	0.5							65	—	4000	35
	Ⅱ	500	0.4	0.6										30
	Ⅲ	750	0.5	0.7										
	Ⅳ	—	0.5	0.7	1000	0.4	0.6				80	0	4000	
	Ⅴ		0.6	0.8	1400	0.5	0.7							
	Ⅵ		0.7	0.8	2000	0.6	0.7	—	—	—	90	20	5500	

该标准第 2.1.10 条定义了主赛区（PA），即划线范围内的比赛区域；第 2.1.11 条为总赛区（TA），其定义为主赛区和划线范围外的比赛区域；第 2.1.12 条是比赛场地，为进行比赛的主赛区或总赛区，通称场地。表 2-5 中除羽毛球外，其他运动项目的标准值是 PA 还是 TA 范围内的照明指标？也就是设计时照明设计和计算的范围是 TA 还是 PA？该标准没有明确指出。

笔者根据工程实践，将本人的理解与大家交流，供大家参考。

（1）对于篮球运动，表 2-5 中的标准值建议为 PA 范围内的。

从图 2-6 可以看出，篮球场尺寸为 28m×15m，这就是 PA 值。边线和底线各向外还有 1.757m 的缓冲区，缓冲区和 PA 构成了 TA。由于缓冲区相对较小，且不进行比赛，用 PA 可以满足篮球运动的场地照明要求。

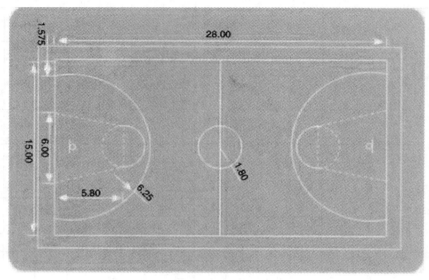

图 2-6 篮球场尺寸

（2）对排球运动而言，表 2-5 中的标准值建议是 TA 范围内的。

排球场的尺寸为 18m×9m，即 PA 值（图 2-7）。但是排球运动经常在 PA 之外打球，如发球、接球等。沿边线向外 6m，底线向外 9m 也是比赛区域，因此，整个 TA 的范围为 36m×21m，比赛在 TA 范围内进行。这一点与篮球有本质区别。

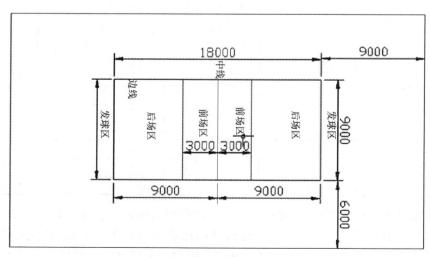

图 2-7 排球场尺寸

（3）其他运动

表 2-5 中乒乓球的 PA 是球台范围，而运动员比赛的范围远不止球台，整体运动场地为 14m×7m，即 TA。因此，乒乓球运动的照明应按 TA 范围内计算和设计。除排球、羽毛球、乒乓球之外，表中的其他运动项目建议按 PA 进行照明计算和设计。

综上所述，不同运动项目，其比赛场地的概念不一样，在照明设计时应该区别对待。

2.2.3 标准是建筑照明节能的引领者和护卫者

《建筑照明设计标准》（GB 50034—2013）对照明节能起到很好的推动作用，尤其照明功率密度 LPD 值对建筑照明节能起着至关重要的作用，标准中有更加严格的要求。表 2-6 是住宅类建筑 LPD 值变化情况，2013 版与 2004 版相比，照度水平没有变化，但 LPD 的现行值和目标值分别降低了 14% 和 17%，住宅建筑照明节能非常显著。

住宅建筑 LPD 值的变化 表 2-6

房间或场所	2013 版			2004 版			新标准降低百分比	
	对应照度标准值（lx）	照明功率密度限制（W/m²）		照明功率密度限制（W/m²）		对应照度标准值（lx）	现行值	目标值
		现行值	目标值	现行值	目标值			
起居室	100	6	5	7	6	100	14.3%	17%
卧室	75					75		
餐厅	150					150		
厨房	100					100		
卫生间	100					100		
职工宿舍	100	4	3.5	—	—	—		
车库	30	2	1.8	—	—	—		

表 2-7 是办公建筑部分场所 LPD 值变化情况，新旧两个版本相比，照度水平保持一致，但 LPD 的现行值和目标值变化较大，根据场所不同，现行值降低在 15%～18%，目标值降低在 10% 左右，办公建筑照明节能也非常明显。

办公场所 LPD 值的变化 表 2-7

房间或场所	2013 版			2004 版			新标准降低百分比	
	对应照度标准值（lx）	照明功率密度限制（W/m²）		照明功率密度限制（W/m²）		对应照度标准值（lx）	现行值	目标值
		现行值	目标值	现行值	目标值			
普通办公室	300	9	8	11	9	300	18.2%	11.1%
高档办公室、设计室	500	15	13.5	18	15	500	16.7%	10.0%
会议室	300	9	8	11	9	300	18.2%	11.1%
服务大厅、营业厅	300	11	10	13	11	300	15.4%	9.1%

表 2-8 是商业建筑部分场所 LPD 值变化情况，相类似，新旧两个版本照度标准值保持不变，但 LPD 有较大的变化。根据不同场所，现行值降低在 15% 以上，目标值降低近 10%，商店建筑照明节能也非常明显。

商业建筑部分场所 LPD 值的变化 表 2-8

房间或场所	2013 版			2004 版			新标准降低百分比	
	照度标准值（lx）	照明功率密度限值（W/m²）		照明功率密度（W/m²）		对应照度值（lx）	现行值	目标值
		现行值	目标值	现行值	目标值			
一般商店营业厅	300	10	9	12	10	300	16.7%	10.0%

续表

房间或场所	2013 版			2004 版			新标准降低百分比	
	照度标准值（lx）	照明功率密度限值（W/m²）		照明功率密度（W/m²）		对应照度值（lx）	现行值	目标值
		现行值	目标值	现行值	目标值			
高档商店营业厅	500	16	14.5	19	16	500	15.8%	9.4%
一般超市营业厅	300	11	10	13	11	300	15.4%	9.1%
高档超市营业厅	500	17	15.5	20	17	500	15.0%	8.8%
专卖店营业厅	300	11	10	—	—	—	—	—
仓储超市	300	11	10	—	—	—	—	—

表 2-9 是酒店建筑部分场所 *LPD* 值变化情况，两个版本的照度标准值基本保持不变（大堂、门厅除外），但 *LPD* 有很大的变化。根据不同场所，现行值和目标值降低高达 53%，主要因为酒店可大量采用 *LED* 灯，照明节能非常明显。

酒店建筑部分场所 *LPD* 的变化　　　　表 2-9

房间或场所	2013 版			2004 版			新标准降低百分比	
	照度标准值（lx）	照明功率密度限制（W/m²）		照明功率密度（W/m²）		对应照度值（lx）	现行值	目标值
		现行值	目标值	现行值	目标值			
客房	—	7	6	15	13	—	53.3%	53.8%
中餐厅	200	9	8	13	11	200	30.8%	27.3%
西餐厅	150	6.5	5.5	—	—	—	—	—
多功能厅	300	13.5	12	18	15	300	25.0%	20.0%
客房层走廊	50	4	3.5	5	4	50	20.0%	12.5%
大堂/门厅*	200	9	8	15	13	300	66.7%	38.5%
会议室	300	9	8	—	—	—	—	—

注：* "/" 前为 2013 版的，"/" 后为 2004 版的。

体育照明则需满足《体育建筑电气设计规范》（JGJ 354—2014）的相关要求，该规范第 19.3.1 条规定，乙级及以上等级体育建筑的场地照明单位照度功率密度值宜符合表 2-10 的规定。

场地照明单位照度功率密度值　　　　表 2-10

场地名称	单位照度功率密度（W/lx·m²）	
	现行值	目标值
足球场	5.17×10^{-2}	4.21×10^{-2}
足球、田径综合体育场	3.56×10^{-2}	2.90×10^{-2}
综合体育馆	14.04×10^{-2}	11.44×10^{-2}
游泳馆	9.86×10^{-2}	8.03×10^{-2}
网球场	18.00×10^{-2}	14.66×10^{-2}

表2-10适用于有电视转播的场地照明，表中对应于场地照明主摄像机方向上的垂直照度，面积是最大场地运动项目的 PA 值。

《体育场馆照明设计及检测标准》（JGJ 153—2016）则采用 LPD 值对场地照明提出要求，该标准第7.3.2条指出，比赛场馆的照明功率密度不宜大于标准中规定的限值，表2-11以田径、足球为例说明其 LPD 的限值。

足球、田径的 LPD 限值　　　　　　表 2-11

项目	等级	安装高度 h(m)	照明功率密度限值（W/m²）	
			田径	足球
田径足球	IV	30≤h<40	40	70
		40≤h<50	45	80
		50≤h<60	55	90
		60≤h<70	65	100
	V	30≤h<40	55	90
		40≤h<50	65	100
		50≤h<60	75	120
		60≤h<70	90	140
	VI	30≤h<40	80	110
		40≤h<50	90	140
		50≤h<60	100	170
		60≤h<70	120	210

表2-10、表2-11中的单位照明功率密度和 LPD 值可以有效地控制过多使用场地照明灯具的现象，避免不必要的投资，节省能源。

这三部标准是对建筑照明总体的能效要求，不论采用什么技术、什么产品、何种系统都必须满足此要求。因此，标准是建筑照明节能的引领者，也是建筑照明节能的守护神。

2.2.4　标准引导企业创新

下面通过解读、分析体育照明标准，说明标准可以引导企业创新，标准是另一种创新驱动力。验证了一流的企业掌握标准的哲理。

（1）标准之多，需活学会用

所有体育照明标准大概分为：国家标准或行业标准、国际体育组织制订的标准、国际照明委员会 CIE 标准和国际广播电视机构标准。这些标准可以用于不同目的和类型的体育建筑，不要想能同时满足这些标准，"同时满足"是不可能的，标准条款之间经常存在不一致甚至矛盾之处。即使同一体育建筑，举行不同等级的比赛，照明的标准也是不同的。标准分为产品标准和应用标准，产品标准决定产品的生产、制造、检验，是判断产品是否合格的重要因素，能不能满足产品指标要求，检测方也是根据产品标准进行产品检测并决定能否出厂销售。应用标准决定产品使用的合理性，在哪儿使用？如何使用？因此，两类标准相互关联，又相对独立（表2-12）。

体育照明标准分类　　　　　　　　　　　　　表 2-12

序号	编制标准的单位	举例
1	国家标准或行业标准	JGJ 16—2008、JGJ 354—2014、GB 50034—2013、JGJ 153—2016 等
2	国际体育组织	"足球场人工照明指南" FIFA 2002,"足球场" FIFA 2007,"足球场" FIFA 2011,"多功能室内体育场馆人工照明指南" GAISF 等
3	国际照明委员会 CIE	CIE 57 文件"足球场照明"、CIE58 文件"体育馆照明"、CIE42 文件"网球场照明"等
4	国际广播电视机构	AOB、BOB、LOB 关于彩电转播的足球场、田径场等照明

（2）照明节能是永恒的话题，也是企业永远追求的目标

正如表 2-10、表 2-11 所述，提出了体育照明节能应用的总体要求。因此，不管用哪个厂家的灯，不管用什么控制系统，都应该满足规范的节能要求。

本书第 6 章将详细讲述照明节能方面的内容。

（3）灯具效率的提高永无止境

基于目前灯具效率已经得以提高的事实，《体育建筑电气设计规范》（JGJ 354—2014）、2009 版《全国民用建筑工程设计技术措施电气》对灯具效率作出了更高的要求，即"金属卤化物灯不应采用敞开式灯具，灯具效率不应低于 70％"的规定（表 2-13）。

部分金卤灯灯具效率　　　　　　　　　　　　　表 2-13

型号及规格	灯具效率	品牌	配光	备注
MVF 403-2000W/1000W	78％～81％	飞利浦	共七种配光	3mm 钢化玻璃＋防护网
EF2000-1000W/2000W	78.5％～84.5％	GE	共五种配光	4mm 透明回火玻璃罩
Mundial2000-1000W/2000W	77％～82％	Thorn	共六种配光	4mm 耐高温玻璃罩
SCG-1500W	79.2％	Musco	多种配光	防爆钢化玻璃罩
SCG-1000W	78.8％	Musco	多种配光	防爆钢化玻璃罩
PAK-L07-1K0A-AA-LJ，1000W	77.91％	三雄极光	三种配光	硼化玻璃罩＋保护网
PAK-L07-2K0A-AA-LJ，10°，2000W	74.82％	三雄极光		硼化玻璃罩＋保护网
PAK-L07-2K0A-AB-LJ，14°，2000W	77.87％	三雄极光		硼化玻璃罩＋保护网
YL-RJ400，400W	83.91％	上海必金		遥控升降灯具
NTC9221-1000W	81.9％～84％	海洋王	三种配光	带透明件测试
NTC9221-2000W	71.8％～89.6％	海洋王	三种配光	带透明件测试
NTC9250-1000W	75.4％～87.7％	海洋王	六种配光	带透明件测试

（4）临时照明系统有广阔的市场，应在体育赛事中推广应用

在体育场馆里面，永久照明系统指在体育建筑、体育设施中配备的长期使用的体育照明系统。临时照明系统，是在运动会期间提供给没有永久照明系统或永久照明系统提供的照明达不到要求而设置的临时使用的场地照明系统，运动会结束以后将其拆除。临时照明中还有一种形式——补充照明，即当永久照明系统不符合比赛要求时，用于增加场地照度使场地照明达到比赛要求的照明系统，运动会结束后将补充照明系统拆除，照明系统还原成原有的永久照明系统。

显而易见，临时照明系统具有非常好的经济性和灵活性，在奥运会、世界杯足球赛中有大量的应用。图 2-8 是临时照明最经典的应用。

图 2-8 临时照明在雅典奥运会中的应用

（5）光源色度参数的争议——从争议到研究

光源色度参数在体育照明应用中曾引起争议，原来是欧美之争，现在国际足联等国际体育组织的标准与北美标准一致，从而引起世界范围的争议。应该讲"争议"变为研究的动力，包括我国在内，各国学者都在研究这个问题。请参阅第 1 章 1~3 节。

进入 LED 时代，对显色性的评价也发生了变化，原有的 CRI 已经不能满足 LED 的需要，新的指标应运而生。

（6）灯具的防护等级

《体育建筑电气设计规范》（JGJ 354—2014）中提出，灯具外壳的防护等级不应低于IP55，且在不便维护或污染严重的场所灯具外壳的防护等级不应低于 IP65，水下灯具外壳的防护等级应为 IP68。

按照规范的要求研发的产品符合市场需求，标准的驱动力可见一斑。

（7）关于金卤灯的电源装置

《体育建筑电气设计规范》（JGJ 354—2014）第 6.2.3 条规定，场地照明使用的 EPS应符合下列规定：

1 EPS 的特性应与金卤灯的启动特性、过载特性、光输出特性、熄弧特性等相适应；

2 EPS 应采用在线式装置；

3 EPS 逆变器的过载能力应符合表 6.2.3 的规定；

EPS 逆变器的过载能力 表 6.2.3

过载能力	过载时间
120%及以下	长期运行
150%	＞15min
200%	＞1min

4　EPS 应具有良好的稳压特性，其输出电压应符合本规范第 **3.5.2** 条的规定；

5　EPS 的供电时间不宜小于 **10min**；

6　EPS 的容量不宜小于所带负荷最大计算容量的 **2** 倍；

7　EPS 的供电系统宜采用 **TN-S** 或局部 **IT** 系统；

8　EPS 的过载保护、超温保护、谐波保护等附加保护应作用于信号，不应作用于断开电源。

规范的规定是总结了北京奥运会等重大赛事的成功经验，并指导后续工程的建设，保障了金卤灯可靠、连续运行。

但是，现在进入 LED 时代，对电源的要求有所不同。

（8）维修时如何不改变灯具的瞄准角？

《体育建筑电气设计规范》（JGJ 354—2014）规定，灯具的开启方式应确保在维护时不改变其瞄准角度。安装在高空中的灯具宜选用重量轻、体积小和风载系数小的产品。丙级及以下等级的体育建筑，当另有维护措施且能确保维护时不改变灯具瞄准点时，可不设马道。目前，灯具维护方式有灯具后开盖、前开盖、升降灯具等，这些方式都是行之有效的措施（图 2-9）。

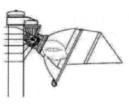

后开方式　　　　　　　　前盖方式　　　　　　　　升降方式

图 2-9　灯具的维护方式示例

（9）能否研发具有稳压功能的灯具？

电压对金属卤化物灯光输出有较大的影响，电压降低 10％，照度降低约 20％；相反亦然。《体育建筑电气设计规范》（JGJ 354—2014）中提出，比赛场地照明灯具端子处的电压偏差允许值应符合下列规定：

1）特级和甲级体育建筑宜为±2％。

2）乙级及以下等级的体育建筑应为±5％。

表 2-14 是笔者对国家体育场鸟巢的测试，所测的回路为长度最长的几路场地照明回路，实际电压偏差不大于 1.5％，满足规范要求。

国家体育场场地照明电压偏差实测值　　　　　　　　　　　　表 2-14

灯具编号	2D-11	2D-8	2D-6	2D-1	2D-7
灯具端子处的实测电压（V）	375.2	375.6	375.1	376	374.3
电压偏差（V）	−4.8	−4.4	−4.9	−4	−5.7

续表

电压偏差百分数（%）	−1.26	−1.16	−1.29	−1.05	−1.50
变压器低压侧实测电压（V）	393.6	393.6	393.6	393.9	393.9
灯具端子处的电压降（V）	18.4	18	18.5	17.9	19.6
电压降百分数	4.84%	4.74%	4.87%	4.71%	5.16%

（10）积极开展系统开发，努力创出一条新路——水下照明系统

跳水池、游泳池、戏水池、冲浪池及类似场所，包括游泳馆内的热身池和跳水运动的放松池，这些场所是允许人进入的，人在水中因人体电阻下降会增加电击的危险。在水下的照明设备，其绝缘易受潮或进水，造成漏电，人员发生触电危险的几率大大增加。因此，这些场所的水下照明设备要采用防触电等级为Ⅲ类的灯具。这些场所的水下照明设备需采用安全特低电压（SELV）系统，标称电压不超过12V。电源需放在2区以外。

2.2.5 民用建筑电动汽车充电工作场所的照明标准

电动汽车在我国逐渐普及，其充电场所的照明也在研究之中。最近，研读了某省民用建筑电动汽车充电设施设计规范，很受启发，受益匪浅。其中，充电设施工作场所的照度标准值见表2-15，值得肯定。

某省电动汽车充电场所的照明标准 表2-15

场所名称	参考平面及其高度	照度标准值（lx）	统一眩光值UGR	显色指数Ra	备注
配电室	0.75m水平面	200		80	
监控室	0.75m水平面	300	22	80	
充电设备机房	0.75m水平面	300	22	80	
充电区	地面	50	—	60	需另加局部照明

该标准还附加说明，交流充电桩、非车载充电机等充电设备的操作面需增加局部照明200lx，如充电设备操作面自带背景灯（如自带背景灯的触摸液晶显示屏）可不增加局部照明。

研读过程中，笔者有些体会：配电室的照明标准与《建筑照明设计标准》（GB 50034—2013）一致，比较合理。监控室的照明标准与《建筑照明设计标准》（GB 50034—2013）中的一般控制室一致，可以理解。但对于充电主机系统的监控室，建议区别对待，最好采用《建筑照明设计标准》（GB 50034—2013）中的主控制室照明标准，即0.75m水平面的照度标准值为500lx；对眩光要求更高，统一眩光指数UGR值不低于19；显色性和照度均匀度与一般控制室相同。因为充电主机系统采用类似服务器的机柜设置，容量大，控制复杂且重要，其监控室照明水平需提高。

2.3 照明设计

2.3.1 民用建筑照明的几点要求

民用建筑照明要求很多，相关规范规定的也比较详细，现列举几点与大家共享。

1. 一般照明是标配

各场所的一般照明必需设置，还要满足该场所视觉活动性质的需求。因为一般照明是基础照明，需满足该场所的基本光环境要求。图 2-10 中的商店采用筒灯作为一般照明，均匀布置。

图 2-10　一般照明示例

2. 分区一般照明

设有永久性通行区的场所推荐采用分区一般照明，并且通行区照度不应低于工作区域照度的 1/3。

永久性固定通道在商业照明中经常采用，尤其奥特莱斯、专卖店等。根据实验，室内环境与视觉作业相邻近的地方，例如图 2-11 中各家商店与通道，通道的亮度需尽可能的低于商店的亮度，但两者不能相差太大，最好不低于商店亮度的 1/3，避免造成视觉不适应而产生视觉疲劳。

图 2-11　通道照明示例

3. 局部照明

有精细视觉工作要求的场所需针对视觉作业区设置局部照明,作业区邻近周围照度还要根据作业区的照度相应减少,且不低于200lx,其余区域的一般照明照度不低于100lx。

图 2-12 所示为某办公场所照明,一般照明提供基础照明,每个工位上设置局部照明,可以满足员工对办公照明的要求。一般来说,一般照明占工作区总照度的 1/5~1/3 是比较合适的。

图 2-12 办公场所照明示例

作业区邻近周围尚没有明确定义,一般指作业区 0.5m 范围之内,其照度分布如果下降过快,会引起视觉困难和不舒适,因此对作业区邻近周围提出照度要求是为了提供视野内亮度(照度)分布的良好平衡,且有合适的照度梯度,不会引起视觉的不舒适,又起到节能的效果。

图 2-12 中的办公场所照度变化:办公场所,500lx(300lx)→邻近周围(≥200lx)→其他区域(≥100lx)。

2.3.2 LED 在室内照明中的应用

众所周知,LED 技术推动了照明行业的一场革命。毋庸置疑,随着 LED 技术日趋成熟、价格不断降低,其在室内照明中的应用必将越来越多、越来越广。

LED 在建筑中首先应用在标志标识方面,例如常见的"安全出口""电梯""卫生间"等电标志标牌早已采用了 LED 技术,这方面的应用取得了较好的效果,现在比较普及和成熟。随后,LED 在夜景照明中得到广泛的使用,尤其北京奥运会的水立方项目,通过国家科技部和北京市两项科研课题的攻关,成功将大功率 LED 应用在建筑物立面照明上,推动了我国大功率 LED 的发展,带动了我国 LED 在建筑物夜景照明中的应用,现在夜景照明已经普遍地采用了 LED 技术。同时,LED 在应急照明领域得到广泛的应用,尤其在疏散照明中应用更为广泛、普及。近年来,室内照明中的筒灯、射灯、办公灯具等也都可以采用 LED 技术,并取得了一定的运行经验。

客观地讲,LED 在室内照明中的应用刚刚起步,许多因素制约着其在室内照明中的应用。对存在的问题需要理性地、科学地进行分析,共同关心此问题,科学、合理地推动

LED 技术的应用。

1. LED 应用在室内照明的条件日趋成熟

（1）设计依据

就设计而言，《建筑照明设计标准》（GB 50034—2013）是重要的设计依据之一。而即将修订完成的《民用建筑电气设计规范》也有相当多的条款涉及 LED 灯的应用。相应的各种类型建筑的电气设计规范也有相应的 LED 应用条款。这些标准奠定了 LED 在室内照明应用的基础，必将为 LED 在室内应用起到非常重要的作用。

（2）技术条件

LED 灯是电气产品，在国际上由国际电工委员会 IEC 主导标准的组织、制定工作。IEC 内部由不同的技术委员会负责不同的工作：LED 照明电器产品标准由 TC34 负责，主要包括 LED 的光源、连接器、控制装置、灯具等内容；LED 光生物安全部分归口 TC76 技术委员会。《灯具性能——第 2-1 部分：LED 灯具特殊要求》（IEC/PAS 62722-2-1）、《普通照明 LED 模块性能要求》（IEC/PAS 62717）等标准为 LED 灯的生产、检测、应用奠定了基础。

我国在吸取国际先进标准的基础上，建立了自己的 LED 标准体系，包括灯具的安全标准、性能标准和方法标准三大类，较好地规范和推动了 LED 灯的制造、检测、应用。

对设计来说，现在已经具备在室内使用 LED 灯的基本条件。先列举一例于表 2-16 中，这些参数大多是我国 CQC 认证的内容，而 3C 认证主要对安全、电磁兼容方面进行认证。

LED 灯的主要参数及要求 表 2-16

名称		LED 筒灯	反射型自镇流 LED 灯	
光通量		初设光通量应为额定光通量的 90%～120%		
光通维持率		3000h，≥96%；6000h，≥92%；10000h，≥86%		
光效	$T_k \leqslant 3500K$	60	55	
	$T_k = 3500 \sim 6500K$	65	62	
功率 P		不超过额定功率的 10%		
功率因数		≥0.5($P \leqslant 5W$)	≥0.7($P = 5 \sim 15W$)[1]	≥0.9($P > 15W$)[1]
显色指数 Ra		80	85	
显色指数稳定性		3000h 时 Ra 相对于初始值的表减≤3		
特殊显色指数 R_9		≥0[2]		
相关色温 T_k		≤4000K[3]		
色偏差		≤0.007[4]/0.004[5]		

注：1. 功率因数的实测值不应低于标称值的 0.05。

2. 显色指数中 R_9 是某光源对"饱和红色"的显色指数。显色指数有 R_1、R_2、R_3、……R_{14}、R_{15}。前 8 个的颜色是常见颜色，它们的平均值为 Ra。后 7 个是：饱和红色、饱和黄色、饱和绿色、饱和蓝色、白种人皮肤色、树叶绿、亚洲人皮肤色。

3. 限于长期工作或停留的房间或场所。

4. 在寿命期内 LED 灯的色品坐标与初始值的偏差在国家标准《均匀色空间和色差公式》（GB/T 7921—2008）规定的 CIE 1976 均匀色度标尺图中，不应超过 0.007。

5. LED 灯具在不同方向上的色品坐标与其加权平均值偏差在国家标准《均匀色空间和色差公式》（GB/T 7921—2008）规定的 CIE 1976 均匀色度标尺图中，不应超过 0.004。

（3）应用场所分析

《建筑照明设计标准》（GB 50034—2013）对不同类型建筑物、不同场所的照明给出要求，为了达到标准值的指标可以采用多种途径和方法。在民用建筑应用方面，下列光源将不予考虑：

1）普通白炽灯——2011年我国发布了"中国逐步淘汰白炽灯路线图"，正逐步淘汰白炽灯。

2）卤钨灯、荧光高压汞灯——综合能效指标较低，即光效低、寿命短。

3）高压钠灯——显色性不满足要求。

4）普通卤粉直管荧光灯——显色性不符合要求，且光效较三基色荧光灯低很多。

表2-17为住宅建筑主要场所可使用的光源。从表中可以看出，住宅建筑的电梯厅、走道、楼梯间、车库等场所可以大胆地使用LED灯；而人长期停留的起居室、卧室、书房、卫生间、厨房等场所需要谨慎对待、慎重选用，选择光生物安全等级较高的产品，建议选择光生物安全等级为豁免级的LED灯。

住宅建筑主要场所常用光源 表2-17

房间或场所		照明标准			LPD限制（W/m²）		推荐的光源				
		照度标准值（lx）	参考平面及其高度	Ra	现行值	目标值	三基色荧光灯	紧凑型荧光灯	金属卤化物灯	高频无极灯	LED灯
起居室	一般活动区	100	0.75m水平面	80	6	5	√	√	×	×	○
	书写、阅读	300			—	—	√	√	○	×	○
卧室	一般活动	75	0.75m水平面	80	6	5	√	√	×	×	○
	床头、阅读	150			—	—	√	√	○	×	○
餐厅		150	0.75m餐桌面	80	6	5	√	√	×	×	○
厨房	一般活动	100	0.75m水平面	80	6	5	√	√	×	×	√
	操作台	150	台面		—	—	√	√	×	×	√
卫生间		100	0.75m水平面	80	6	5	√	√	○	×	√
电梯前厅		75	地面	60	—	—	√	√	○	×	√
走道、楼梯间		50	地面	60	—	—	√	√	○	×	√
车库		30	地面	60	2	1.8	√	√	×	×	√

注：√——可用；○——有条件的使用；×——不推荐使用。

由表2-18可知，办公建筑的前台、接待场所，可以使用LED筒灯、射灯，既起到装饰作用，又能节约能源。其他办公场所可根据需要有条件地选用使用，选择符合标准要求的、质量优良的LED办公灯具。

办公建筑主要场所常用光源 表2-18

房间或场所	照明标准				LPD限制（W/m²）		推荐的光源			
	照度标准值（lx）	UGR	U₀	Ra	现行值	目标值	三基色荧光灯	紧凑型荧光灯	金属卤化物灯	LED灯
普通办公室	300	19	0.6	80	9	8	√	√	×	○
高档办公室	500	19	0.6	80	15	13.5	√	√	×	○

续表

房间或场所	照明标准				LPD 限制（W/m²）		推荐的光源			
	照度标准值（lx）	UGR	U_0	Ra	现行值	目标值	三基色荧光灯	紧凑型荧光灯	金属卤化物灯	LED 灯
会议室	300	19	0.6	80	9	8	√	×	×	○
视频会议室	750	19	0.6	80	—	—	√	×	×	○
接待室、前台	200	—	0.4	80	—	—	√	×	○	√
服务大厅、营业厅	300	22	0.4	80	11	10	√	×	×	○
设计室	500	19	0.6	80	15	13.5	√	×	×	○
文件整理、复印、发行室	300	—	0.4	80	—	—	√	×	×	○
资料、档案存放室	200	—	0.4	80	—	—	√	×	×	○

注：1. √——可用；○——有条件的选用；×——不推荐使用。
　　2. 表中照度值的参考平面及其高度除设计室为实际工作面，其他均为 0.75m 水平面。

表 2-19 是酒店主要场所推荐使用的光源。除大堂、多功能厅、游泳池等少数场所有条件的选用外，酒店大多数场所可使用 LED 灯，现在许多酒店已经使用了 LED 功能性照明灯具，取得了良好的应用经验，尤其客房的阅读灯、筒灯、射灯等，使用较多，效果较好。

旅馆建筑主要场所常用光源　　　　表 2-19

房间或场所		照明标准					LPD 限制（W/m²）		推荐的光源				
		照度标准值（lx）	参考平面及其高度	UGR	U_0	Ra	现行值	目标值	三基色荧光灯	紧凑型荧光灯	金属卤化物灯	高频无极灯	LED 灯
客房	一般活动区	75	0.75m 水平面	—	—	80	7	6	○	×	×	×	○
	床头	150	0.75m 水平面	—	—	80			×	×	○	×	√
	写字台	300	台面	—	—	80			×	×	○	×	√
	卫生间	150	0.75m 水平面	—	—	80			○	×	×	×	○
中餐厅		200	0.75m 水平面	22	0.6	80	9	8	○	×	○	×	○
西餐厅		150	0.75m 水平面	—	0.6	80	6.5	5.5	○	×	√	×	√
酒吧间、咖啡厅		75	0.75m 水平面	—	0.4	80			○	×	×	×	√
多功能厅、宴会厅		300	0.75m 水平面	22	0.6	80	13.5	12	×	×	○	×	√
会议室		300	0.75m 水平面	19	0.6	80	9	8	○	×	×	×	○
大堂		200	地面	—	0.4	80	9	8	○	×	×	×	○
总服务台		300	台面	—	—	80			○	×	○	×	○

房间或场所	照明标准					LPD限制（W/m²）		推荐的光源				
	照度标准值（lx）	参考平面及其高度	UGR	U₀	Ra	现行值	目标值	三基色荧光灯	紧凑型荧光灯	金属卤化物灯	高频无极灯	LED灯
休息厅	200	地面	22	0.4	80			○	×	×	×	○
客房层走廊	50	地面	—	0.4	80	4	3.5	○	×	○	×	√
厨房	500	台面	—	0.7	80			√	×	×	×	√
游泳池	200	水面	22	0.6	80			○	×	○	○	○
健身房	200	0.75m水平面	22	0.6	80			√	×	○	×	√
洗衣房	200	0.75m水平面	—	0.4	80			√	×	×	×	○

注：√——可用；○——有条件的使用；×——不推荐使用。

表 2-20 为商业建筑主要场所推荐使用的光源。LED 灯在商业建筑中可以大显身手，经常在橱窗照明、柜台照明、货架照明等场合使用，尤其适合重点照明场所。

商业建筑主要场所常用光源　　　　　　　　表 2-20

房间或场所	照明标准				LPD限制（W/m²）		推荐的光源				
	照度标准值（lx）	参考平面及其高度	U₀	Ra	现行值	目标值	三基色荧光灯	紧凑型荧光灯	金属卤化物灯	高频无极灯	LED灯
一般商店营业厅	300	0.75m水平面	0.6	80	10	9	√	×	×	×	√
一般室内商业街	200	地面	0.6	80	—	—	√	×	○	×	√
高档商店营业厅	500	0.75m水平面	0.6	80	16	14.5	√	×	×	×	√
高档室内商业街	300	地面	0.6	80	—	—	√	×	○	×	√
一般超市营业厅	300	0.75m水平面	0.6	80	11	10	√	×	×	×	√
高档超市营业厅	500	0.75m水平面	0.6	80	17	15.5	√	×	×	×	√
仓储式超市	300	0.75m水平面	0.6	80	11	10	√	×	○	○	√
专卖店营业厅	300	0.75m水平面	0.6	80	11	10	√	×	×	×	√
农贸市场	200	0.75m水平面	0.4	80	—	—	√	×	○	×	√
收款台	500	台面	0.6	80	—	—	√	×	○	×	√

注：√——可用；○——有条件的使用；×——不推荐使用。

民用建筑中常见的设备机房常用光源见表 2-21，LED 灯在这类场所需满足一定条件才能使用，设备用房环境不同于其他室内场所，存在潮湿、振动、电磁干扰等情况，使用时需进行评估和分析。

设备用房常用光源　　　　　　　　　　　　　表 2-21

房间或场所		照明标准					LPD 限制 (W/m²)		推荐的光源					
		照度标准值 (lx)	参考平面及其高度	UGR	U_0	Ra	现行值	目标值	三基色荧光灯	紧凑型荧光灯	金属卤化物灯	高压钠灯	高频无极灯	LED灯
电话站、网络中心		500	注4	19	0.6	80	15	13.5	√	○	×	×	×	○
计算机站		500	注4	19	0.6	80	15	13.5	√	○	×	×	×	○
变、配电站	配电装置室	200	注4	—	0.6	80	—	—	√	○	×	×	×	○
	变压器室	100	地面	—	0.6	60	—	—	√	○	○	○	○	○
电源设备室、发电机室		200	地面	25	0.6	80	—	—	√	○	○	○	×	○
电梯机房		200	地面	25	0.6	80	—	—	√	○	○	○	×	○
控制室	一般控制室	300	注4	22	0.6	80	9	8	√	○	×	×	×	○
	主控制室	500	注4	19	0.6	80	15	13.5	√	○	×	×	×	○
动力站	风机房、空调机房	100	地面	—	0.6	60	4	3.5	○	○	○	○	○	○
	泵房	100	地面	—	0.6	60	4	3.5	○	○	○	○	○	○
	冷冻站	150	地面	—	0.6	60	6	5	○	○	○	○	○	○
	压缩空气站	150	地面	—	0.6	60	6	5	○	○	○	○	○	○
	锅炉房、煤气站的操作层	100	地面	—	0.6	60	5	4.5	○	○	○	○	○	○

注：1. √——可用；○——有条件地使用；×——不推荐使用。
　　2. 计算机房、控制室等有显示屏场所需防光幕反射。
　　3. 锅炉水位表处的照度不小于 50lx。
　　4. 表中照度值的参考平面及其高度除注明者外均为 0.75m 水平面。

2. 存在的问题

（1）标准问题

我国 LED 灯与 IEC 的标准体系相仿，有些标准已经完成，有些标准尚未制定或正在制定过程中，在已颁布执行的标准中重复编制现象比较严重。另一方面，作为应用标准的设计规范尚不完善，对此新技术还需进一步研究。

国际上，以飞利浦、欧司朗等企业联合成立的 ZAGA 联盟将对 LED 灯的接口进行规范和要求，也必将对我国 2 万余家 LED 企业带来冲击和挑战。同时 COB 等技术对 LED 光源的生产也会产生重大影响。

因此，LED 标准相对滞后，我国标准改革后团体标准良莠不齐将影响 LED 在室内照明中的应用。

（2）技术发展中的问题

LED 技术处于快速发展期。目前 LED 芯片的光效从十年前的 15lm/W 呈现约 20 倍的增长，已经超过 T5 三基色直管荧光灯的光效。现在商品化的白光功率型 LED 实验室光效超过 300lm/W。不仅如此，未来几年，LED 芯片光效未来还有提升空间。

技术进步的同时，也承受着其快速发展的压力。上游外延芯片快速发展，影响了中下游的产品研发、定型。试想，经过长时间的产品研发、试验、修改、再试验，到最后通过国家相应的检测试验及 3C、CQC 认证，产品定型之时也就意味着技术的落后，对于企业产品研发带来巨大挑战。

（3）光健康问题

LED 光所引发的健康问题一直在行业内备受争议，照明界与医疗卫生部门的观点不太一致，此类问题在国际上也是新的课题，尽管有国际标准和国家标准，但这些标准主要来自 IEC 和 CIE，还没有世界卫生组织与各国卫生部门对此问题的相关标准，IEC 的标准并没有解决多灯叠加危害的计算和标准问题。研究虽有初步结论，但还需继续进行。

2.3.3 LED 灯在民用建筑中的应用

LED 的发展非常迅速，超出人们的预期。如何科学合理地使用 LED 灯，下面细细道来。

1. 民用建筑中的使用场所

民用建筑中使用 LED 灯有巨大空间，市场前景十分可观。LED 灯具的应用建议按表 2-22 的要求选用。

LED 灯的应用要求　　　　　　　　　　　　　　　表 2-22

建筑类型	场所	照明类别	要求
居住建筑	卧室、起居室	一般照明	灯具发光面平均亮度不宜高于 2000cd/m²
	厨房、卫生间	一般照明	宜选用漫射型 LED 灯具。卫生间的镜前灯应在主视野之外
办公建筑	办公室	一般照明	宜选用半直接型或直接型宽配光的 LED 灯具
	会议室	一般照明	宜选用半直接型或直接型宽配光可变色温的 LED 灯具
商店建筑	营业厅	一般照明	宜选用直接型或半直接型的 LED 灯具
	营业厅、超市	重点照明	应选用定向型的 LED 灯或光线控制性好的 LED 灯具
	超市	一般照明	宜选用宽配光的 LED 灯具，且灯具应布置在货架间通道上方。当采用直管型 LED 灯时，灯具宜平行于货架
旅馆建筑	客房卫生间	镜前灯	灯具发光面平均亮度不宜高于 2000cd/m²，且灯具应在主视野之外
	客房	夜灯	额定光通量不宜大于 250lm
	中庭等高大空间	一般照明	应采用窄配光直接型的高顶棚灯具
医疗建筑	治疗区域、护士站	一般照明	灯具发光面平均亮度不宜高于 2000cd/m²
	治疗、检查区	局部照明	宜选用一般显色指数不小于 90 的 LED 灯具
博览建筑	展厅	一般照明	宜选用直接型的 LED 灯具。当安装高度大于 8m 时，宜选用窄配光灯具
	展厅	重点照明、局部照明	对紫外线敏感的贵重展品，LED 灯的紫外线含量应小于 20μW/lm
	洽谈室、新闻发布厅	一般照明	宜选用宽配光的 LED 灯具
体育建筑	体育场的场地	场地照明	应选用窄配光和中配光直接型的 LED 灯具
	室内场馆的场地、室外灯光球场	场地照明	应选用宽配光和中配光直接型的 LED 灯具

表 2-22 中的窄配光、中配光、宽配光是以灯具的光束角大小来划分的，依据《建筑照明术语标准》（JGJ/J 119—2008），光束角是在给定平面上，以极坐标表示的光强曲线的两矢径间所夹的角度，该矢径的光强通常是 10% 或 50% 的最大光强。国际照明委员会（CIE）采用 50% 最大光强的夹角作为光束角，而北美照明工程协会（IES）则采用 10% 最大光强的夹角。我国标准采用了 CIE 的定义。光束角小于 80° 的直接型灯具为窄配光，光束角大于 120° 的为宽配光，光束角在 80°～120° 的为中配光（图 2-13）。

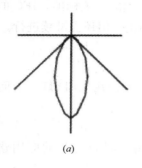 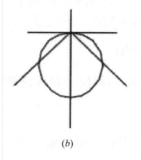 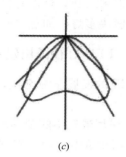

(a) *(b)* *(c)*

图 2-13 照明器配光分类

（*a*）窄配光；（*b*）中配光；（*c*）宽配光

表 2-22 中室外灯光球场指室外的灯光篮球场、网球场、足球场等没有看台的场地，场地照明灯具投射距离明显小于有看台的体育场。

高顶棚灯具是一种以 LED 为光源，用于室内高大空间一般照明的灯具。

2. 关于蓝光危害

研究表明，LED 蓝光与其色温有关（图 2-14）。当色温低于 4000K 时，LED 蓝光与荧光灯的蓝光相当，甚至低于荧光灯（图 2-15）。因此，守住 4000K 这条线，不存在蓝光影响人的健康问题。

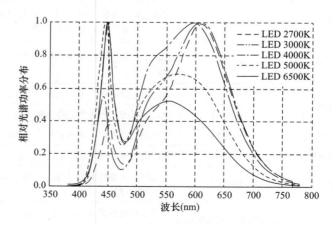

图 2-14 LED 相对光谱功率分布

其实，LED 灯的光生物安全已有标准可依——《LED 灯光生物安全测试及认证》（IEC/EN 62471），将 LED 光辐射对生物肌体组织，尤其对人的皮肤、眼睛可能造成的伤害进行评估，LED 灯光辐射的危害等级分为最安全的豁免级、低危害级、中等危害级和高危害级共四级。优质产品会在外包装上标明光生物安全等级，最安全的是豁免级，对人的皮肤、眼睛的伤害可以忽略不计。

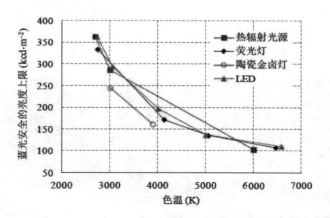

图 2-15　蓝光安全亮度上限

3. 关于 LED 效率问题

毫无疑问，光效越高越好，可以用较少的电能获得更多的光通量。何乐而不为呢！但是有专家认为，LED 的高光效会带来眩光问题。至于 LED 灯的眩光问题应该由灯具来解决；另外，像球泡、直管型的 LED 灯等外面的磨砂玻璃也可以对眩光有很好的抑制作用。所以，LED 的高光效与眩光控制不是一回事，不能混为一谈，也不能对立（图 2-16）。

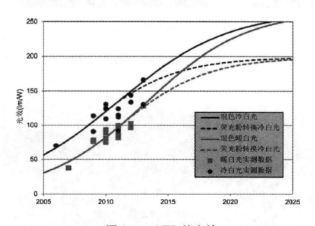

图 2-16　LED 的光效

2.3.4　商店照明的定律

要学会商店照明，把握好、合理运用如下两个定律，商业照明设计变得非常简单了。

定律 1：商店照明需与室内装修、货柜等布置密切配合。

装修的风格、货柜的布置对照明影响很大，因为照明是为商店、货品提供良好的光环境，重点突出和表达商品的特点，提高顾客的辨别力，如此可以提高顾客的购买欲望。

定律 2：灯具布置方式＝一般照明＋局部照明＋重点照明＋橱窗照明＋其他照明。

商店照明采用的照明方式比较多,不同区域要求不同。

图 2-10 中的一般照明采用筒灯均匀布置,也可以采用管型荧光灯、平板灯等均匀布置。一般照明提供商店的基础照明,可满足商店的基本照明需要。图 2-17 所示为商品销售区域,一般照明的灯具位置需与室内装修设计师沟通。照明标准参见《建筑照明设计标准》(GB 50034—2013)和《商店建筑电气设计规范》(JGJ 392—2016)。

图 2-17　商品销售区域照明

收银台区域从装修上形成了两个不同的空间。如图 2-18 所示,该区域采用筒灯照明,也可采用小型吊灯、射灯等。

图 2-18　收银区域照明

货架、物品区域经常采用局部照明或者重点照明。图 2-19 中采用射灯，货架顶部采用条形灯具，与货架组成一体。这是经常采用的解决方案。

图 2-19 货架照明

橱窗是商店重点推荐商品的场所，直接面向户外展示商品，橱窗照明多采用射灯、筒灯等，本案采用射灯，简洁、高效。

其他照明包括应急照明、柜台照明等。

掌握商业照明这两个定律，并合理应用，设计商业照明应该十拿九稳了。

2.3.5 照明，当好配角

建筑照明是建筑物的照明，要为建筑物当好配角，不要喧宾夺主。

图 2-20～图 2-22 的主角是车，不复杂的装修只有折形的背板和稍微凸起的地面。灯不多但添彩不少，显得车很高贵、豪华。灯光比较丰富。

图 2-20 正面效果

51

图 2-21　侧面前部效果

图 2-22　侧面整体效果

一般照明：简易吊顶上筒灯均布，很普通、很常见，中规中矩。

背板灯：装于折形背板的缝隙中，条形彩色 LED 以红光为主色调。背板是高反射率的金属材质，较好地反射了其他的灯光。

地面灯光：白色断续条形灯光，似道路车道线。

LOGO：一处在地面车型的标志，大大的、白白的标识很醒目。另一处是宝马车的标志，很传统，在这样的场所很和谐。

这辆车是电动汽车，除了展示车辆以外，还展示了充电桩（图 2-23）。挂墙安装的充电桩体积不大，应该是交流充电桩。宝马汽车也是顺应潮流，绿色环保。

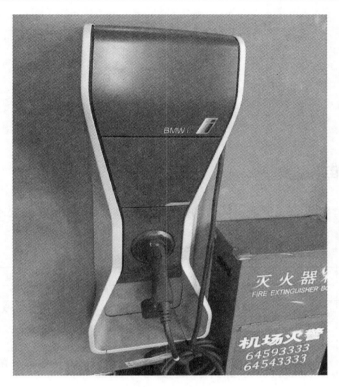

图 2-23 充电桩

　　从整体效果来讲，效果非常好，既体现了宝马车的高贵豪华，又展示了绿色环保的理念，展台用光和整个环境相得益彰。

第3章 体 育 照 明

3.1 照明标准

综合我国体育建筑相关标准,体育场馆根据使用功能和电视转播要求可按表 3-1 进行使用功能分级。

体育场馆使用功能分级 表 3-1

等级	使用功能	电视转播要求
Ⅰ	训练和娱乐活动	无电视转播
Ⅱ	业余比赛、专业训练	
Ⅲ	专业比赛	
Ⅳ	TV 转播国家、国际比赛	有电视转播
Ⅴ	TV 转播重大国际比赛	
Ⅵ	HDTV 转播重大国际比赛	
—	TV 应急	

注: 表中 HDTV 指高清晰度电视。

需要说明,不同标准使用功能分级有所不同,例如国际足联 FIFA、国际田联 IAAF 采用 5 个等级,与我国标准有差别。

另外,本节详细介绍了场地照明标准,作为《体育照明设计手册》的补充。还介绍了场地照明综述,相对比较宏观、整体,详细要求参见相关标准及笔者的专著《体育照明设计手册》。

3.1.1 我国场地照明的标准值

综合我国《体育建筑电气设计规范》(JGJ 354—2014)、《体育场馆照明设计及检测标准》(JGJ 153—2016)、《体育照明使用要求及检验方法第 1 部分:室外足球场和综合体育场》(TY/T 1002.1—2005)等标准,将常见的运动项目的相关指标综合介绍。

1. 水平照度

场地照明的水平照度标准值需符合表 3-2 的规定。

水平照度标准值(lx) 表 3-2

等级	Ⅰ	Ⅱ	Ⅲ	Ⅳ	Ⅴ	Ⅵ	—
运动项目	使用功能						
	训练和娱乐活动	业余比赛、专业训练	专业比赛	TV 转播国家、国际比赛	TV 转播重大国际比赛	HDTV 转播重大国际比赛	TV 应急
田径、足球、马术、游泳、跳水、水球、花样游泳	200	300	500				

54

等级	Ⅰ	Ⅱ	Ⅲ	Ⅳ	Ⅴ	Ⅵ	—
	使用功能						
运动项目	训练和娱乐活动	业余比赛、专业训练	专业比赛	TV 转播国家、国际比赛	TV 转播重大国际比赛	HDTV 转播重大国际比赛	TV 应急
场地自行车	200	500	750	—	—	—	—
曲棍球、速度滑冰、击剑、举重、体操、艺术体操、技巧、蹦床、手球、室内足球、篮球、排球	300	500	750	—	—	—	—
摔跤、柔道、跆拳道、武术、冰球、花样滑冰、冰上舞蹈、短道速滑、乒乓球	300	500	1000	—	—	—	—
拳击	500	1000	2000	—	—	—	—
羽毛球	300	750/500	1000/750	—	—	—	—
网球	300	500/300	750/500	—	—	—	—
棒球、垒球	300/200	500/300	750/500	—	—	—	—
射击、射箭　射击区、弹（箭）道区	200	200	300	500	500	500	—

注：表中同一格有两个值时，"/"前为主赛区 PA 的值或棒球、垒球内场的值，"/"后为总赛区 TA 的值或棒球、垒球外场的值。

2. 垂直照度

Ⅲ级及以下等级可不考核场地照明的垂直照度，垂直照度标准值需符合表 3-3 的规定。

垂直照度标准值　　　　　　表 3-3

等级	Ⅳ		Ⅴ		Ⅵ		TV 应急	
运动项目	TV 转播国家国际比赛		TV 转播重大国际比赛		HDTV 转播重大国际比赛		TV 应急	
	E_{vmai}	E_{vmin}	E_{vmai}	E_{vmin}	E_{vmai}	E_{vmin}	E_{vmai}	E_{vmin}
田径、篮球、排球、手球、室内足球、体操、艺术体操、技巧、蹦床、游泳、跳水、水球、花样游泳、场地自行车、马术	1000	750	1400	1000	2000	1400	750	—
足球、乒乓球、击剑、冰球、花样滑冰、冰上舞蹈、短道速滑、速度滑冰、曲棍球	1000	750	1400	1000	2000	1400	1000	—
羽毛球、网球、棒球、垒球	1000/750	750/500	1400/1000	1000/750	2000/1400	1400/1000	1000/750	—
拳击	1000	1000	2000	2000	2500	2500	1000	—
摔跤、柔道、跆拳道、武术	1000	1000	1400	1400	2000	2000	1000	—
举重	1000	—	1400	—	2000	—	150	—

注：表中同一格有两个值时，"/"前为主赛区 PA 的值或棒球、垒球内场的值，"/"后为总赛区 TA 的值或棒球、垒球外场的值。

射击、射箭项目比较特殊，其靶心垂直照度标准值应为：Ⅲ级及以下 1000lx；Ⅳ级和Ⅴ级 1500lx；Ⅵ级 2000lx。

3. 均匀度

场地照明的水平照度均匀度标准值应符合表 3-4 的规定。

水平照度均匀度标准值 　　　　　　　　　　　　　　　　　表 3-4

等级	I	II	III	IV	V	VI	—
	使用功能						
运动项目	训练和娱乐活动	业余比赛、专业训练	专业比赛	TV 转播国家、国际比赛	TV 转播重大国际比赛	HDTV 转播重大国际比赛	TV 应急
田径、足球	—/0.3	—/0.5	0.4/0.6	0.5/0.7	0.6/0.8	0.7/0.8	0.5/0.7
曲棍球、马术、场地自行车、速度滑冰、冰球、花样滑冰、冰上舞蹈、短道速滑、体操、艺术体操、技巧、蹦床、手球、室内足球、篮球、排球	—/0.3	0.4/0.6	0.5/0.7	0.5/0.7	0.6/0.8	0.7/0.8	0.5/0.7
游泳、跳水、水球、花样游泳	—/0.3	0.3/0.5	0.4/0.6	0.5/0.7	0.6/0.8	0.7/0.8	0.5/0.7
乒乓球	—/0.5	0.4/0.6	0.5/0.7	0.5/0.7	0.6/0.8	0.7/0.8	0.5/0.7
棒球、垒球	—/0.3	0.4 (0.3)/0.6 (0.5)	0.5 (0.4)/0.7 (0.6)	0.5 (0.4)/0.7 (0.6)	0.6 (0.5)/0.8 (0.7)	0.7 (0.6)/0.8 (0.8)	0.5 (0.4)/0.7 (0.6)
网球	—/0.5	0.4 (0.3)/0.6 (0.5)	0.5 (0.4)/0.7 (0.6)	0.5 (0.4)/0.7 (0.6)	0.6 (0.5)/0.8 (0.7)	0.7 (0.6)/0.8 (0.8)	0.5 (0.4)/0.7 (0.6)
羽毛球	—/0.5	0.5 (0.4)/0.7 (0.6)	0.5 (0.4)/0.7 (0.6)	0.5 (0.4)/0.7 (0.6)	0.6 (0.5)/0.8 (0.7)	0.7 (0.6)/0.8 (0.8)	0.5 (0.4)/0.7 (0.6)
射击、射箭	—/0.5	—/0.5	—/0.5	0.4/0.6	0.4/0.6	0.4/0.6	
击剑	—/0.5	0.5/0.7	0.5/0.7	0.5/0.7	0.6/0.8	0.7/0.8	0.5/0.7
举重、柔道、摔跤、跆拳道、武术	—/0.5	0.4/0.6	0.5/0.7	0.5/0.7	0.6/0.8	0.7/0.8	0.5/0.7
拳击	—/0.7	0.6/0.8	0.7/0.8	0.7/0.8	0.7/0.8	0.7/0.8	0.6/0.8

注：表中同一格内，"/"前为 U_1 值，"/"后为 U_2 值；"（ ）"内为总赛区 TA 的值或棒球、垒球外场的值，"（ ）"外为主赛区 PA 的值或棒球、垒球内场的值。

场地照明的垂直照度均匀度标准值应符合表 3-5 和表 3-6 的规定。

垂直照度均匀度标准值 　　　　　　　　　　　　　　　　　表 3-5

等级	IV		V		VI		—
运动项目	TV 转播国家、国际比赛		TV 转播重大国际比赛		HDTV 转播重大国际比赛		TV 应急
摄像机	U_{vmai}	U_{vaux}	U_{vmai}	U_{vaux}	U_{vmai}	U_{vaux}	U_{vmai}
网球、垒球、棒球、羽毛球	0.4 (0.3)/0.6 (0.5)	0.3 (0.3)/0.5 (0.4)	0.5 (0.3)/0.7 (0.5)	0.3 (0.3)/0.5 (0.4)	0.6 (0.4)/0.7 (0.6)	0.4 (0.3)/0.6 (0.5)	0.4 (0.3)/0.6 (0.5)
足球、曲棍球、冰球 花样滑冰、冰上舞蹈、短道速滑、乒乓球	0.4/0.6	0.3/0.5	0.5/0.7	0.3/0.5	0.6/0.7	0.4/0.6	0.4/0.6

续表

等级	IV		V		VI		—
运动项目	TV 转播国家 国际比赛		TV 转播重大 国际比赛		HDTV 转播重大 国际比赛		TV 应急
摄像机	U_{vmai}	U_{vaux}	U_{vmai}	U_{vaux}	U_{vmai}	U_{vaux}	U_{vmai}
田径、手球、室内足球、篮球、排球、马术、场地自行车、速度滑冰、游泳、跳水、水球、花样游泳、体操、艺术体操、技巧、蹦床	0.4/0.6	0.3/0.5	0.5/0.7	0.3/0.5	0.6/0.7	0.4/0.6	0.3/0.5
举重	0.4/0.6	—	0.5/0.7	—	0.6/0.7	—	0.3/0.5
柔道、摔跤、跆拳道、武术	0.4/0.6	0.4/0.6	0.5/0.7	0.5/0.7	0.6/0.7	0.7/0.7	0.4/0.6
拳击	0.4/0.6	0.4/0.6	0.6/0.7	0.6/0.7	0.7/0.8	0.7/0.8	0.4/0.6

注：表中同一格内，"/"前为U_1值，"/"后为U_2值；"（）"内为总赛区 TA 的值或棒球、垒球外场的值，"（）"外为主赛区"PA"的值或棒球、垒球内场的值。

垂直照度均匀度标准值 表 3-6

等级	使用功能	击剑				射击、射箭	
		U_{vmai}		U_{vaux}		U_{vaux}	
		U_1	U_2	U_1	U_2	U_1	U_2
I	训练和娱乐活动	—	0.3	—	—	0.6	0.7
II	业余比赛、专业训练	0.3	0.4	—	—	0.6	0.7
III	专业比赛	0.3	0.4	—	—	0.6	0.7
IV	TV 转播国家、国际比赛	0.4	0.6	0.3	0.5	0.7	0.8
V	TV 转播重大国际比赛	0.5	0.7	0.3	0.5	0.7	0.8
VI	HDTV 转播重大国际比赛	0.6	0.7	0.4	0.6	0.7	0.8
—	TV 应急	0.4	0.6	—	—	—	—

4. 光源色度参数

场地照明光源的显色指数不小于 65、相关色温在 3500～6500K。具体与赛事等级、电视转播情况、运动项目等有关。

这部分内容在国际上有不同的观点，各国标准要求也各不相同。相关内容参见本书第 1 章表 1-8 国际场地照明新标准。

5. 眩光

眩光指数 GR 值应符合表 3-7 的规定。

眩光指数限值 表 3-7

场馆类型	室内	室外
比赛	≤30	≤50
训练、娱乐	≤35	≤55

6. 照明计算

照明计算时维护系数值需按下列要求取值：

（1）室内场所维护系数 0.8。

（2）一般室外场所维护系数取 0.8，污染严重地区取 0.7。

（3）对于多雾地区的室外体育场要计入大气的影响，大气吸收系数按表 3-8 的要求取值。

大气吸收系数的数值　　　　　　　　　　　　　　　　表 3-8

多雾等级	大气吸收系数 K_a
轻	<6%
较轻	6%～8%
一般	8%～11%
较严重	11%～14%
严重	>15%

（4）设计照度值的允许偏差不宜超过照度标准值的＋10％。

3.1.2　国际场地照明的标准值

国际标准种类繁多，不可能一一列举，本书列举出在我国较普及的运动项目、影响面广的国际体育标准，其他标准可参见笔者的专著《体育照明设计手册》。

1. 国际足联标准

最新的国际足联标准是 2011 年版的 FIFA《足球场》，其中第 9 章是场地照明。其足球场地的照明标准值见表 3-9。

足球场地的照明标准值　　　　　　　　　　　　　　　　表 3-9

比赛等级		计算朝向	水平照度			垂直照度			光源	
			E_h(lx)	照度均匀度		E_v(lx)	照度均匀度		相关色温 T_{cp}(K)	一般显色指数 Ra
				U_1	U_2		U_1	U_2		
没有电视转播	Ⅰ	训练和娱乐	—	200	—	0.5	—	—	—	>4000	≥65
	Ⅱ	联赛和俱乐部比赛	—	500	—	0.6	—	—	—	>4000	≥65
	Ⅲ	国内比赛	—	750	—	0.7	—	—	—	>4000	≥65
有电视转播	Ⅳ	国内比赛	固定摄像机	2500	0.6	0.8	2000	0.5	0.65	>4000	≥65
			场地摄像机				1400	0.35	0.6		
	Ⅴ	国际比赛	固定摄像机	3500	0.6	0.8	>2000	0.6	0.7	>4000	≥65
			场地摄像机				1800	0.4	0.65		

注：1. 表中照度值为维持照度值。
　　2. E_v 为固定摄像机或场地摄像机方向上的垂直照度，手持摄像机和摇臂摄像机统称为场地摄像机。
　　3. 各等级场地内的眩光值应为 $GR≤50$。
　　4. 维护系数不宜小于 0.7。
　　5. 推荐采用恒流明技术。

需要说明，该标准一直由足球发达国家参与编制，这些国家足球比赛等级及体系非常完善。表中第Ⅲ等级"国内比赛"与我国的"专业比赛"接近；第Ⅱ等级的"联赛和俱乐部比赛"属于低级别的比赛，与我国"业余比赛、专业训练"相似。

2. 国际田联标准

国际田径联合会 IAAF 的最新标准于 2008 年颁布，即《国际田联田径设施手册》2008 年版，其中 5.1 节是关于场地照明，其田径场地的照明标准值见表 3-10。

田径场地的照明标准值 表 3-10

比赛等级			计算朝向	水平照度			垂直照度			光源	
				E_h(lx)	照度均匀度		E_v(lx)	照度均匀度		相关色温 T_{cp}(K)	一般显色指数 Ra
					U_1	U_2		U_1	U_2		
没有电视转播	I	娱乐和训练		75	0.3	0.5	—	—	—	>2000	>20
	II	俱乐部比赛		200	0.4	0.6	—	—	—	>4000	≥65
	III	国内、国际比赛		500	0.5	0.7	—	—	—	>4000	≥80
有电视转播	IV	国内、国际比赛+TV应急	固定摄像机	—	—	—	1000	0.4	0.6	>4000	≥80
	V	重要国际比赛，如世锦赛和奥运会	慢动作摄像机	—	—	—	1800	0.5	0.7	>5500	≥90
			固定摄像机	—	—	—	1400	0.5	0.7	>5500	≥90
			移动摄像机	—	—	—	1000	0.3	0.5	>5500	≥90
			终点摄像机	—	—	—	2000				

注：1. 各等级场地内的眩光值应为 $GR≤50$。

2. 对终点摄像机来说，终点线前后 5m 范围内的 U_1 和 U_2 不应小于 0.9。

3. 表中的照度值是最小维持平均照度值，初设照度值应不低于表中照度值的 1.25 倍。

与足球相类似，田径国际标准也是由欧美发达国家进行编制，田径各等级比赛比较完善。表 3-10 中第 III 等级"国内、国际比赛"尽管没有电视转播，但它是专业比赛，与我国的"专业比赛"等级接近；第 II 等级的"俱乐部比赛"也是低级别的比赛，属于业余比赛，与我国"业余比赛、专业训练"等级相似。

3. 国际网球联合会关于网球场地照明标准

国际网球联合会关于网球的照明要求见表 3-11。

国际网联的网球场照明参数推荐值 表 3-11

娱乐、健身用的网球场照明标准										
分类		E_h(lx)		E_h 均匀度				GR_{max}	Ra	T_k(K)
				U_1		U_2				
		PPA	TPA	PPA	TPA	PPA	TPA			
室外	标准	150	125	0.3	0.2	0.6	0.5	50	≥20（65）	2000
	高级	300	250	0.3	0.2	0.6	0.5	50	≥20（65）	2000

续表

娱乐、健身用的网球场照明标准

分类		E_h(lx)		E_h 均匀度				GR_{max}	Ra	T_k(K)
				U_1		U_2				
		PPA	TPA	PPA	TPA	PPA	TPA			
室内	标准	250	200	0.3	0.2	0.6	0.5	50	≥65	4000
	高级	500	400	0.3	0.2	0.6	0.5	50	≥65	4000

室外网球照明标准

分类		E_h(lx)		E_v(lx)		E_h 均匀度				E_v 均匀度				T_k(K)
						U_1		U_2		U_1		U_2		
		PPA	TPA	PPA	TPA	PPA	TPA	PPA	TPA	PPA	TPA	PPA	TPA	
训练		250	200	—	—	0.4	0.3	0.6	0.5	—	—	—	—	2000
国内比赛		500	400	—	—	0.4	0.3	0.6	0.5	—	—	—	—	4000
国际比赛		750	600	—	—	0.4	0.3	0.6	0.5	—	—	—	—	4000
摄像距离	25m	—	—	1000	700	0.5	0.3	0.6	0.5	0.5	0.3	0.6	0.5	4000/5500
	75m	—	—	1400	1000	0.5	0.3	0.6	0.5	0.5	0.3	0.6	0.5	4000/5500
HDTV				2500	1750	0.7	0.6	0.8	0.7	0.7	0.6	0.8	0.7	4000/5500

室内网球照明标准

分类		E_h(lx)		E_v(lx)		E_h 均匀度				E_v 均匀度				T_k(K)
						U_1		U_2		U_1		U_2		
		PPA	TPA	PPA	TPA	PPA	TPA	PPA	TPA	PPA	TPA	PPA	TPA	
训练		500	400	—	—	0.4	0.3	0.6	0.5	—	—	—	—	4000
国内比赛		750	600	—	—	0.4	0.3	0.6	0.5	—	—	—	—	4000
国际比赛		1000	800	—	—	0.4	0.3	0.6	0.5	—	—	—	—	4000
电视	25m	—	—	1000	700	0.5	0.3	0.6	0.5	0.5	0.3	0.6	0.5	4000/5500
	75m	—	—	1400	1000	0.5	0.3	0.6	0.5	0.5	0.3	0.6	0.5	4000/5500
HDTV		—	—	2500	1750	0.7	0.6	0.8	0.7	0.7	0.6	0.8	0.7	4000/5500

注：1. GR≤50；Ra≥65，彩色电视/HDTV/电影转播最好 Ra≥90；色温 T_k=5500K。
　　2. 表中括号内数为最佳值。

4. 国际篮联的照明标准

国际篮联 FIBA 于 2004 年颁布的标准——"Official Basketball Rules2004，Basketball Equipment"，其照明要求见表 3-12。

国际篮联的照明标准 表 3-12

比赛等级	照度（lx）		U.G%/2m	照度均匀度		光源色度参数	
	摄像类型	E_{ave}		U_1	U_2	色温（K）	显色指数 Ra
等级 1	Slo-mo Ecam. FOV	1800	5	0.5	0.7	$3000{\leqslant}T_k$ <6000	${\geqslant}90$
	SDTV Ecam. FOV	1400	5	0.5	0.7		
	HORIZONTAL	1500～3000	5	0.6	0.7		
等级 2	SDTV Ecam. FOV	1400	5	0.5	0.7	$3000{\leqslant}T_k$ 6000	${\geqslant}90$
	HORIZONTAL	1500～2500	5	0.6	0.7		
等级 3	Ecam. FOV	1000	10	0.5	0.6	$3000{\leqslant}T_k$ 6000	${\geqslant}80$
	HORIZONTAL	1000～2000	10	0.6	0.7		

注：Slo-mo 表示三倍速率的慢动作摄像机；SDTV 表示标准摄像机；对于单反摄像机而言，色温最好为 5500～6000K；Ecam 表示摄像机方向的照度；FOV 表示摄像机的覆盖范围；E_{ave} 表示平均照度；U.G 表示照度梯度。

5. 奥运会游泳、跳水等标准

奥运会游泳比赛的照明标准见表 3-13。

奥运会关于游泳的照明标准 表 3-13

部位	照度（lx）		照度均匀度（最小值）			
	$E_{v\text{-cam-min}}$	$E_{h\text{-ave}}$	水平方向		垂直方向	
			E_{min}/E_{max}	E_{min}/E_{ave}	E_{min}/E_{max}	E_{min}/E_{ave}
比赛场地	1400	参见比率	0.7	0.8	0.6	0.7
全赛区	1400	参见比率	0.6	0.7	0.4	0.6
隔离区		参见比率	0.4	0.6		
观众席（C1 号摄像机）	参见比率				0.3	0.5

比率	
$E_{h\text{-ave-FOP}}/E_{v\text{-ave-Cam-FOP}}$	${\geqslant}0.75$ 且${\leqslant}1.5$
$E_{h\text{-ave-deck}}/E_{v\text{-ave-Cam-deck}}$	${\geqslant}0.5$ 且${\leqslant}2.0$
FOP 计算点四个平面 E_v 最小值与最大值的比值	${\geqslant}0.6$
$E_{v\text{-ave-spec}}/E_{v\text{-ave-Cam-FOP}}$	${\geqslant}0.1$ 且${\leqslant}0.25$
$E_{v\text{-min-TRZ}}$	${\geqslant}E_{v\text{-ave-C\#1-FOP}}$

均匀度变化梯度（最大值）	
UG-FOP（2m 和 1m 格栅）	${\leqslant}20\%$
UG-deck（4m 格栅）	${\leqslant}10\%$
UG-观众席（正对 1 号摄像机）	${\leqslant}20\%$

光源	
CRI Ra	${\geqslant}90$
T_k	5600K

镜头频闪-眩光指数 GR	
固定摄像机的眩光指数	${\leqslant}40$（最好${\leqslant}30$）

可以看出，本节是《体育照明设计手册》的补充。

3.2　体育场照明

3.2.1　概述

体育场照明设计主要是为满足足球、田径、橄榄球、棒球、垒球、曲棍球等室外运动项目的需要。除曲棍球外，其他室外运动项目不仅在地面上竞技，还在距地 30m 的空间里进行。因此在一定的空间高度的各个方向上要保持一定的照明水平，参见表 3-14。

体育场场地照明空间高度建议值（m）　　　　　　　表 3-14

运动项目	足球	田径	橄榄球	棒球	垒球	曲棍球
空间高度	30	20	35	35	30	10
备注		标枪、铁饼、链球等项目				

为了适合于彩色电视实况转播尤其高清电视转播的要求，要求运动员和场地以及观众之间的亮度比率应具有一定数值，突出比赛又不失热烈的赛场气氛。

3.2.2　育场照明要求

要做好一个体育场照明设计，设计者首先必须了解和掌握体育场照明要求：应有足够的照度和照明的均匀度、无眩光照明、适当的阴影效果、光源色度参数的正确性等，具体标准指标要求参见本书第 3.1 节，下面进行定性的描述。

1. 照度要求

彩色电视转播照明应以场地的垂直照度为设计的主要指标，场地照明一般必须满足运动员、观众和摄像机三方面的要求。为此要求水平照度、垂直照度及摄像机拍摄全景画面时的亮度，必须保持变化的一致性。运动员、场地和观众之间的亮度变化比率不得超过某一数值，这样才能适应彩色电视摄像要求。奥运会、世界杯足球赛等国际大型赛事在这方面要求极其严格，参见本书第 1 章相关内容。

彩色电视转播要求照度比黑白电视高，高清电视转播要求的照度又高于标清的彩电转播，超高清电视转播现在也在试验中，对照明要求将会更高。另外，照度与电视画面的画幅有密切的关系，照度低，电视转播仅限于摄取全景；照度高，既可满足摄取全景的需要，又能拍摄特写镜头，从而使电视转播更加生动。

2. 照度均匀度

均匀度的要求主要源于电视摄像机的要求，而不合适的均匀度，也会给运动员和观众带来视觉上的痛苦。场地照明的照度均匀度既规定表面上的最小照度（E_{min}）与最大照度（E_{max}）之比（U_1），又规定了最小照度（E_{min}）与平均照度（E_{ave}）之比（U_2）。U_1 和 U_2 是场地照明所特有的，其他场所很少用到。均匀度用来控制整个场地上的视看状况，U_1 有利于视看功能，U_2 有利于视觉舒适。

在和镜头轴线的主要方向相垂直的比赛场地上 1.0～1.5m 高的范围内测得的平均照度应不低于 1400lx，实际上 1000lx 对于摄影也是可能的。

对于一个面积相当大的体育场地（如球场周围加上跑道，面积为 120m×200m）来说，其水平照度的均匀度不如其中足球场地的均匀度。既要能保持转播所需的照度梯度，又要满足照度均匀度的要求，才能保证电视摄像机能摄取优质的电视画面。

运动员的动作愈迅速、运动器具愈小，对于垂直照度、照度均匀度及照度梯度要求就愈严格。

彩色转播足球比赛时，水平面或垂直面上相邻网格点间的照度变化率每5m不应超过20%，非彩电转播时不应超过50%。

以上照度均匀度的标准值请参见相关标准。

笔者通过一个实例说明照度均匀度的重要性，该文在微信公众号"炳华话电气"中推出，立即引起行业内的共鸣。

图3-1是某大学五人制足球场照明实际效果，现场主观感觉非常好，实测数据更让人惊讶：

图 3-1 某大学五人制足球场

平均水平照度：$E_h = 121lx$

照度均匀度：$U_1 = E_{hmin}/E_{hmax} = 0.54$

照度均匀度：$U_2 = E_{hmin}/E_{have} = 0.67$

平均水平照度120lx有这么好的效果出乎预料，按照《体育场馆照明设计及检测标准》（JGJ 153—2016）及本书第3.1节标准要求，训练和娱乐200lx，业余比赛300lx，比该球场实际照度高出一倍多。这么好的照明效果主要原因是照度均匀度有所提高，照度均匀度U_2比标准（业余比赛）提高34%。

因此，场地照明的照度均匀度指标比照度更重要。

3. 亮度和眩光

电视摄像机的作用与人的视觉有些相似，摄像机和人眼都是以感觉照明的强度作为亮度，因此，画面对比以及其背景，对于画面质量来说都是最重要的。一方面由于缺乏充分的对比，就不能取得好的画面；另一方面由于难于处理明暗，同样也妨碍高质量画面的产生。

亮度和眩光对于运动员和观众的视觉舒服与否都是很重要的，考虑到要避免太暗的背景，一部分光线应当照射向看台，观众席座位面的平均水平照度需满足 100lx 的要求，主席台面的照度不宜低于 200lx。靠近比赛区前 12 排（15 排）观众席的垂直照度不宜小于场地垂直照度的 25％。这不仅使对面看台上观众眩光减少，而且电视画面也因为有了一个明亮的看台背景，使画面质量更为有利。

总的来说，眩光在很大程度上是由照明设施的亮度、灯具布置的实体角、发光的面积、灯具的方向与正常观看方向之间的角度、照明设施亮度与其观看时的背景亮度之间的关系，以及人眼适应的条件（主要系由视野亮度来决定）等一系列因素来决定。如果要获得舒适的观看条件，必须使得视野内直接亮度不超过背景可依据的某一亮度值。

眩光问题，只要协调好观众、运动员之间的矛盾就能解决，这一协调工作由设计师来完成，即设计时就应当考虑投光灯的光线分布、安装方案、悬挂高度以及其他因素。宽光束的投光灯容易获得场地的均匀效果，但会增加对看台上的观众的眩光，因此，适当选用中等光束和窄光束投光灯相结合的方案来解决眩光问题。投光灯分类、光束角的关系见表 3-15。

投光灯灯具分类   表 3-15

光束角	光束类型
10°以下	特窄光束
10°～25°	窄光束
25°～40°	中等光束
40°以上	宽光束

注：相关内容可参阅本书第 2.3 节。

4. 阴影影响

电视转播往往会受到强亮度对比及阴影的影响，因而会影响电视画面的质量，过于黑暗也会降低视觉的舒适。另外，阴影对于电视转播和观众来说却又很重要，特别是当具有快速动作的高速传球特点的足球比赛时，如果有阴影的影响，距球远的观众是无法跟踪上目标的。

可以细致地调整投光灯，同时避免了影响照明的不利因素就可以改善或消除阴影的影响。但是对于有雨棚的体育场，阳光下的阴影是很难避免的，即使使用人工照明进行补光也无济于事。

图 3-2 的照片是笔者拍摄于 2006 德国世界杯慕尼黑安联体育场，强烈的日光下阴影面积大，影响电视转播的效果，但没有办法避免。

图 3-2 慕尼黑安联体育场日光下的阴影

5. 颜色校正

颜色校正对于观众和彩色电视转播都很重要。电视摄像机色温在很大范围内能够加以调节，可以使用色温 3000~6000K 的光源进行电视转播。但是，体育场是室外运动场，在选择光源时，要考虑日光的色温，即 5000~6000K。经常有这种赛事，比赛在下午日光下开始，而在夕阳西下时比赛继续进行，在夕阳和人工照明双重光线下，要求日光色温与人工照明光源的色温相接近，这样电视摄像机可以进行连续转播，由日光顺利过渡到人工照明。因此，户外体育场的场地照明是"全天候"，由天然光平缓过渡到人工照明。

金属卤化物灯在场地照明中应用极为广泛，其具有 4000~6000K 的色温，完全可以满足室外彩色电视转播的需求。近年来，LED 在场地照明中得到快速发展，应用越来越广，效果良好，已有取代金卤灯之势，对色温要求更为宽泛，但对显色性的研究还在进行中，本书第 5 章有相关内容。

6. 维护系数和大气吸收系数

照明装置在使用一定周期后，在规定表面上的平均照度或平均亮度与该装置在相同条件下新装时在同一表面上所得到的平均照度或平均亮度之比称为维护系数（maintenance factor）。照明计算时维护系数取值见本章第 1 节，室外体育场照明计算时还应计入 5%~15% 的大气吸收系数，主要考虑空气对光的吸收、反射、散射等因素，从而对照明的影响。大气吸收系数与维护系数是不同的概念，但在工程中经常会统一考虑。而《体育建筑设计规范》（JGJ 31—2003）中要求室外时维护系数应取 0.55，另外还计入 30% 大气吸收系数，将会造成较大的浪费。以综合体育场为例，假设某体育场没考虑维护系数时，使用 350 套 2000W 的金卤灯即可满足要求，考虑维护系数 0.7 时，用灯量为 350/0.7=500 套，如果维护系数和大气吸收系数按《体育建筑设计规范》（JGJ 31—2003）取值，则为 350/（0.55×0.7）=909 套灯具，比上述取值多出 909−500=409 套灯具，相应还需增加电缆、配电、荷载等费用，维护费用和工作量也增加不少。目前，《体育建筑设计规范》正在修编之中，相信关于大气吸收系数的条款将会修订。

另外，忽略大气吸收系数也是不妥的，尤其多雾、雾霾严重的地区更要重视大气的影响。仍以上述体育场为例，如果大气吸收系数取 10%，则该体育场使用 2000W 金卤灯数量应为 350/0.7×（1−10%）=450 套，这样才能保证场地上得到良好的照明。国家体育场"鸟巢"的场地照明计算取 10% 的大气吸收系数。

3.2.3 对照明质量其他方面的要求

1. 立体感

立体感是指光照射在物体（即运动员和运动器具）上时所产生的效果，使物体的形体细部和轮廓都能看得清晰。例如在判断距离和速度时，很大程度上取决于对物体形状是否能够清楚地辨认。要取得良好的立体感，就必须从物体的各侧面都要有光，且光线要有合适的比较，并不需要绝对均匀。立体感要把握好度，没有立体感则转播的电视画面比较生硬、呆板；过度强调立体感则会产生类似重点照明中的戏曲效果，被照的人和物将会产生较严重的亮斑和阴影，电视转播将不会清晰，转播效果将大打折扣。对于重要赛事，需要认真对待立体感问题。以奥运会为例，要求场地照明从不同方向照射到场地内，且场地内每个计算点的四个方向（平行于边线和底线）垂直照度的最小值与最大值之比不小于 0.6。

2. 频闪效应

频闪效应是在以一定频率变化的光照射下，观察到物体运动显现出不同于其实际运动的现象，通常的表现形式有抖动、闪动等。频闪效应对电视转播影响较大，可以想象，如果电视画面出现抖动、闪动等现象，电视观众将无法接受，电视广告、电视转播权等电视转播经济将会受到重大影响。当今已经进入 LED 照明时代，频闪效应更加突出，大大影响转播的效果，尤其对高清电视转播、慢动作等影响更大。

国际上频闪效应的定量研究已经有初步成果，其定义有不同的方法。第 10 版的北美照明工程协会（The Illuminating Engineering Society of North America）的《IES 照明手册》（IES Lighting Handbook）给出了两个描述频闪效应的概念。频闪比是描述频闪效应的方法之一，即在某一频率下，输出光通最大值与最小值之差比输出光通最大值与最小值之和，用百分比表示，频闪比采用公式（3-1）计算。

$$R_f = (A - B)/(A + B) \tag{3-1}$$

式中　R_f——频闪比；

A、B——一个周期内的光输出的最大值和最小值，如图 3-3 所示。

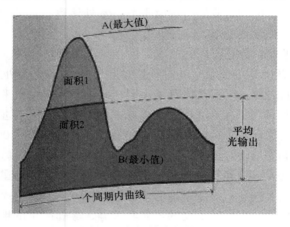

图 3-3　频闪效应的描述

频闪比的描述见表 3-16，因此，场地照明的频闪比达到 6% 就会对电视转播产生轻微的影响，该数值可以作为高等级赛事频闪效应评判的限值。我国标准规定了 $R_f \leqslant 6\%$，某些国际体育组织的标准要求 $R_f \leqslant 3\%$。

频闪比的描述　　　　　　　　　　　　　　　　　　表 3-16

频闪比 R_f	描述
$R_f \leqslant 1\%$	无频闪
$1\% < R_f \leqslant 6\%$	轻微频闪，影响甚微
$6\% < R_f \leqslant 10\%$	可见频闪，可接受
$R_f > 10\%$	可见频闪，不可忍受

另一种描述频闪效应的方法是频闪指数，即在一个周期内，光输出平均值以上部分面积 A_1 与整个光输出面积（$A_1 + A_2$）的比值，

频闪指数计算采用公式（3-2），其值在 0~1.0。

$$FI = A_1/(A_1 + A_2) \tag{3-2}$$

式中　FI——频闪指数；

　　　A_1——光输出平均值以上部分的面积；

　　　A_2——光输出平均值以下部分的面积。

很显然，频闪指数需要进行积分计算，使用起来比较繁琐，因此其使用不普及。

为减少频闪效应，可以采用三相供电的场所，将照射在同一照明区域的不同灯具分接在不同相序的供电回路上，即三相同点法。在使用数量较多的宽光束灯具时，几乎是自然地可达到上述要求，但在使用窄光束灯具时，则必须分三个相位以三相的组合方式投射。

使用高频电子镇流器也可以消除或减轻频闪效应，但电子镇流器只能用于中小功率的金卤灯，大功率的金卤灯尚没有成熟的产品。

质量良好的 LED 的驱动电源可以有限地减少频闪效应，实测表明，良好的驱动电源频闪比 R_f 低于 0.3%。超慢镜头回放区域可以采用 LED 灯，且可采取直流系统供电。但由于直流供配电系统的局限性和经济性，只能用于局部重要区域。

3. 灯具数量问题

使用大型灯具可以减少投光灯数目，但是在多数情况下，从均匀度要求的观点来看，不可能做到把光线照射的足够均匀，而且在使用窄光束时，肯定不可能达到均匀度要求。为此，最好多种配光配合使用，并使用功率适宜的灯具。

对于体育场来说，目前较多使用 1500～2000W 的金卤灯和 1000～1500W 的 LED 灯，大型体育场使用窄光束、特窄光束灯具较多，并配以适量的中光束灯具，专用足球场金卤灯灯具总数一般不超过 300 套，才可满足世界杯足球赛的要求。而综合性体育场场地照明用的金卤灯灯具将在 400 套以上。而 LED 灯的用量要少一些，一般在金卤灯的 50%～80%，视具体情况而定。大型体育比赛，如奥运会，有时会采用临时性照明系统，本书第2.2节有详细介绍。

LED 灯逐渐在体育场场地照明中得到应用，且快速普及。灯具数量和功率将大大减少。限于技术和造价因素，目前多用在等级较低的体育场中，并且积累了一些经验，并逐步向高等级场馆推广。图 3-4 为汕头大学室外场地，灯具由 Musco 公司提供，这些场地全部采用 LED 场地照明产品，现场调研主观评价良好，其主要技术参数见表 3-17。

图 3-4　汕头大学室外场地

汕头大学室外场地照明参数 表 3-17

场地名称	单灯功率（W）	数量（套）	灯杆高（m）	平均照明（lx）
小足球场	96	8	15	100
室外排球场	96	8	15	140
单片篮球场	96	4	12	100
单片网球场	96	16	15	500
两片网球场	96	24	15	400

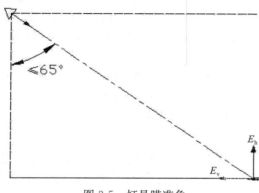

图 3-5 灯具瞄准角

4. 灯具的方向性

描述灯具照射方向的有投射角、瞄准角、俯角、仰角等，其中瞄准角是规范用词，在我国多部标准中有所规定，《体育场馆照明设计及检测标准》（JGJ 153—2016）规范这些用语用词。在图 3-5 中，灯具瞄准角是灯具的瞄准方向（主光强方向）与垂线的夹角，如果瞄准角越大，垂直面照度 E_v 就越大，对运动员、观众的眩光就会增大。反之，如果灯具投射角越小，垂直照度也越小，不容易满足电视转播的要求。因此，在设计时，灯具瞄准角在 $25°\sim65°$ 为宜。体育场的规模大小对瞄准角影响很大，因为比赛场地是国际标准，不能改变其大小，而座位数越多，看台的层数也越多，建筑物屋顶高度相应提高，有利于布置灯具。

5. 光源与灯具的选择

选用体育场照明光源要从光效、寿命、色温、显色性、投资和运行等诸方面综合考虑，目前，体育场多选用金属卤化物灯，LED 灯应用也越来越多。金卤灯是目前体育场照明性价比最佳的光源，比较适用于彩色电视转播，该光源便于控制光束，光效高达 110lm/W，显色性 Ra 可高达 94。近年来异军突起的 LED 灯则在光效、方向性、节能、控制等方面占有优势，发展较快。

体育场照明所用灯具主要是投光灯。要重视投光灯的下述技术参数：灯具总光通量、灯具效率、灯具有效光通量、灯具有效效率、峰值光强、溢出光、灯具遮光角等。

如果采用 LED 灯，除上述因素需要考虑外，还要考虑色容差、色品坐标、特殊显色指数 R_9、频闪比等参数。

选择金卤灯灯具，首先要考虑光束的宽度和光斑的形状。投光灯按光学性能可分为三种。首先，圆形投光灯，用于远距离投光，必须用高强度光束。将抛物线弧形反光器和小体积高亮度的光源结合起来，容易得到高强度的光束。这种方法形成的光束是锥形，在场地上投射的光斑呈椭圆形；其次，长方形投光灯，用于近距离投光。近距离投射场地时最好用水平方向宽光束灯具，可以用槽形的抛物线弧形剖面的反射器，配以线状光源，光束是扇形的；第三，蜗牛形投光灯，用于中距离投光。可以用圆形或槽形反射器使光束漫射，以获得中距离投光的覆盖能力。投光灯到被照面的距离近时用宽光束灯较经济，距离越远采用光束越窄，其利用程度越高。

而 LED 灯除采用反射器外，还可采用透镜，方向性更加优秀，配光更加多样、灵活。LED 体育照明灯具的两种不同技术路线——反射器和透镜，它们在市场上都有成功的应用案例，孰优孰劣？表 3-18 可见一斑。

反射器与透镜对比　　　　　　　　　　　　　　　　　　表 3-18

类型	透镜	反射器
技术成熟度	相对新技术，需要光学研发	沿用成熟传统的技术，成熟度高
材料	PMMA	高纯度铝、塑料
优点	可塑性好、透光率高达 93%	高纯度铝成本低、耐高温
		塑料脱模光学精度高，无形变记忆
缺点	耐高温能力不高，耐温只有 90℃左右	高纯度铝的有形变记忆；对反射器制造、运输、安装、维护等要求高
研制周期	周期相对较长	由于技术成熟，相对容易
备注	透镜多指二次透镜	电镀存在环境污染

看完这张表，是否知道它们的特点？应该说两者各有千秋，各有长短。但是一定要使用高质量的产品，否则配光很难达到要求。

3.2.4　场地照明灯具的布置及安装

1. 四角布置

四角布置是灯具以集中形式与灯杆结合布置在比赛场地四角，是体育场典型的布置方式，直到现在还有许多体育场采用四角布置照明设施。顾名思义，四角布置是在场地四角设置四个灯杆，灯杆高一般为 35～60m，常用窄光束和中光束灯具。这种布置形式适用于无雨棚或雨棚高度较低的足球场地，在欧洲中小城市的足球专业场经常使用。该种布灯方式照明利用率低、维护检修较困难、造价较高。合适的灯杆位置如图 3-6 所示，最下排投光灯至场地中心与地面夹角宜不小于 25°，以此确定灯杆的高度，因此，灯杆距场地中心点的距离不同，灯杆的高度也不同，为便于使用，将常见的灯杆高度列于表 3-19；球场底线中点与场地底线向外成 10°角（有电视转播成 15°角）、球场边线中点与边线向外成 5°角的两条相交叉点后延长线形成的三角区域内为布置灯杆的位置。通过采用各种不同光束角投光灯的投射，在场地上可形成一个适宜的照度分布。

图 3-6　四角布灯灯杆的位置

灯具安装高度与灯杆至场地中心点距离的关系   表 3-19

d(m)	76	80	85	90	95	100
h(m)	35.4	37.3	39.6	42.0	44.3	46.6

注：表中 h 为灯拍最下排投光灯至场地的垂直距离。

如今电视转播需要更高且均匀的垂直照度，照射在场地较远部分光投射角往往会超出规定的限额。由于大功率的金卤灯和 LED 灯有较高亮度，加上传统的灯杆（有的是灯塔）高度之高，导致四角布置不可避免地产生过度的眩光。这种四角布灯形式存在的缺点是：不同观看方向的视觉变化幅度较大，阴影较深，从彩色电视转播看，要满足各方向垂直照度，又要把眩光控制好，确实是比较困难的。

2. 两侧布置

两侧布置是灯具与灯杆或建筑马道结合、以簇状集中或连续光带形式布置在比赛场地两侧。

（1）多杆布置

多杆布置是两侧布置的一种形式，顾名思义，多杆布置形式是在场地两侧设置多组灯杆，如图 3-7 所示，适用于足球练习场地、网球场地等。它的突出优点是用电量较省，垂直照度与水平照度之比较好。由于灯杆较低，这种布灯形式还有投资较少、维护方便的优点。

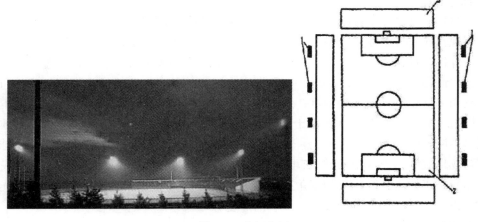

图 3-7 多杆布置
1—灯杆；2—球场；3—看台

灯杆要均匀布置，可布置 4 杆、6 杆或 8 杆，投射角大于 25°，至场地边线投射角最大不超过 75°。

这种布灯一般使用中光束和宽光束投光灯，如有观众看台，瞄准点布置工作要十分细致。这种布灯的缺点是：当灯杆布置在场地和观众席之间时，会遮挡观众视线。

在没有电视转播的足球场，侧向布置照明装置多采用多杆布置方式，经济性较好，如图 3-8 所示。通常将灯杆布置在赛场的东西两侧，一般来说，多杆布灯的灯杆高度可以比四角布置的低。为了避免对守门员的视线干扰，以球门线中点为基准点，底线两侧至少 10°（没有电视转播时）之内不能布置灯杆。

多杆布灯的灯杆高度计算可采用三角函数法计算，即灯杆三角形与球场垂直、同时与底线平行（图 3-9），图中 $\Phi \geqslant 25°$，同时灯杆高度 $h \geqslant 15m$。

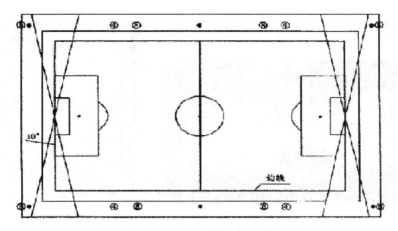

图 3-8　无电视转播赛场侧向布置灯具
④—侧向四角；●—侧向六塔式；⑧—侧向八塔式

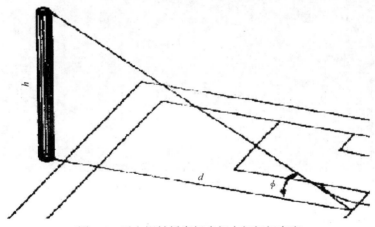

图 3-9　无电视转播赛场多杆布灯灯杆高度

　　周圈布置灯具是多杆布置的一种特殊形式，主要用于棒球场和垒球场的照明。棒球场灯具布置最好采用 6 根或 8 根灯杆布置方式，垒球场通常采用 4 根或 6 根灯杆布置方式，也可在观众席上方的马道上安装灯具。相关内容见本书 1.2 节。

　　（2）光带式布置

　　光带布置也是两侧布置的一种形式，即把灯具成排地布置在球场两侧，形成连续（图 3-10）或簇状（图 3-11）光带的照明系统。光带布灯照明均匀，运动员与球场之间的亮度比较好，目前世界上公认这种布灯方式可以满足彩色电视转播、高清电视转播甚至超高清电视转播的要求。

　　光带长度需超过球门线 10m 以上，对于甲级、特级综合体育场，光带长度一般不小于 180m，灯具的投射角不得小于 25°。有的体育场光带照明离场地边线很近（其夹角在 65°以上），距离光带较近的场地一侧就不能获得足够的垂直照度，这样就要增加后排照明系统。

　　国际足球联合会 FIFA 于 2011 年颁布了新版的《足球场》标准，足球场照明增加了不能布置灯具区域，意在保障运动员、裁判员避免眩光的影响，具体是下列部位（图 3-12）不能布置灯具：

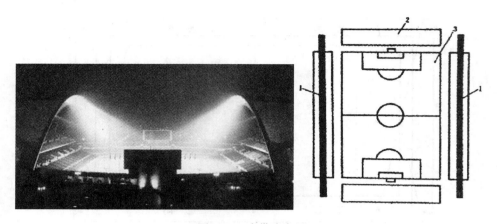

图 3-10　光带式布置

1—光带；2—看台；3—场地

图 3-11　美国 LambeauField 体育场

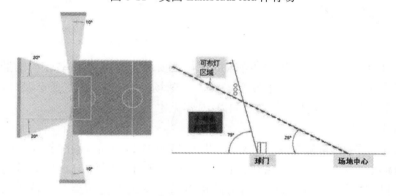

图 3-12　足球场不应布置灯具区域示意图

　　首先，以底线中点为中心，当有电视转播时底线两侧各 15°角范围内的空间；当没有电视转播时底线两侧各 10°角范围内的空间。

　　其次，场地中心 25°仰角球门后面空间内。

　　第三，以底线为基准，禁区外侧 75°仰角与禁区短边向外延长线 20°角围合的空间，但图 3-12 中所示区域除外。

　　当然，综合性体育场布置灯具不受此限制，但足球模式时这些限制区域不能开灯。

一般光带布置多采用几种不同光束角的投光灯组合投射，窄光束用于远投，中光束用于近投。

光带式布置的缺点是：要求控制眩光的技术比较严格，物体实体感稍差。

3. 混合式布置

混合式布置是把四角和两侧布置（含多杆布置、光带式布置）有机地组合在一起的布灯方法（图 3-13），是目前世界上大型综合性体育场解决照明技术和照明效果比较好的一种布灯形式，也是老场馆改造的照明方式。

图 3-13　光带、灯杆混合式布置

图 3-13 中右侧沿雨棚设置马道，采用光带布置灯具；左侧采用灯塔布置，是典型的混合式布灯方式。

混合式布置具有两种布灯的优点，使实体感有所加强，四个方向的垂直照度和均匀度更趋合理，但眩光程度有所增加。此时，四角布置可以不独立设置，而是与建筑物结构统一起来，因而造价较省。

四角布置用的投光灯多为窄光束，解决光线远投问题；光带多为中光束、窄光束，实现远、中、近投光。由于是混合布置，四角的投射角和方位布置可以适当灵活处理，光带布置的长度也可适当缩短，光带高度也可适当降低。

3.3　体育馆照明

3.3.1　概述

体育馆照明设计重点是馆内场地照明，也就是比赛灯光。馆内场地照明是一项功能性强、项目类型多、技术性高、照明技术复杂、难度较大的设计。满足各种体育项目比赛要求，有利于运动员技术水平发挥，有利于裁判员的正确评判，有利于观众席上各方位的观看效果。有多功能使用要求的体育馆，除满足体育比赛要求外，还应满足音乐会、文娱演出、集会活动等使用要求。

体育馆设计要特别注意彩色电视现场实况转播，为保证转播图像画面生动清晰、色彩逼真，对垂直照度、照度均匀度及立体感、光源的色温及显色性等指标有特定要求。体育馆照明设计包括两个方面，即能够满足照度标准和照明质量的要求，也是评价一个体育馆的主要标志之一。

3.3.2 照度要求

体育馆照明标准与所举行的比赛和有无彩电转播有关，目前《建筑照明设计标准》（GB 50034—2013）对此有粗略的规定，不具体，详细、具体照明标准参见本书第 3.1 节。

3.3.3 照明质量要求

对于体育馆，运动场地照明质量要求是整个运动场地上要有较高的亮度和色彩对比，在各点上有足够的光，照度要均匀，立体感要强，要有合适的配光。有彩色电视转播要求的场地照明，其光源的色温及显色性要满足彩色电视转播要求，并能对眩光加以限制。

1. 眩光

眩光的基本概念参阅本书第 3.2 节。在一般情况下，人们不会直接瞄准光源。为保证照度均匀度，避免眩光干扰，室内运动场的投光点最低处到灯具的仰角必须大于 45°，又由于室内照明设备距离运动员和观众较远，因此要求照明有精确的控制。室内的眩光也可能由光滑的地板或水面的反射光引起，所以要认真考虑照明设备的配置方案，以满足各种情况下照明的需要。另外，在照明灯具上加装格栅和挡板也能帮助控制眩光。

2. 照度均匀度、立体感

照度均匀度和立体感的基本概念参阅本书第 3.2 节。

有电视转播时场地平均水平照度与平均垂直照度的比值对于不同标准要求各不相同，参见表 3-20。

有电视转播时场地平均水平照度与平均垂直照度的比值（E_h/E_v） 表 3-20

类别	JGJ 103—2016		国际足联	国际田联	奥运会
	体育场	体育馆			
E_h/E_v	0.75~1.80	1.0~2.0	0.5~2.0	0.5~2.0	0.75~1.5

体育馆运动场地照明，一般场地边线处和四个边角处照度比较低，提高边线处和四个角区的照度，适当控制场地中心区的最高照度值，对保证均匀度是有利的。侧向布灯和灯具造型要重视如何提高垂直照度值，适当控制水平照度值，对保证立体感是有利的。

3. 光源色度参数

在照明设施中，由于所用光源的光色不同，所得到的照明效果就不同。因此，在进行设计时，必须从照度以外的质量方面，对光源的特性进行研究。另一方面，光源的显色评价指数不同时，即形成的光照气氛也不相同，这都要根据运动内容采用适当的光源。对LED 光源，特殊显色指数 R_9 也是重要技术指标，一般来说，有电视转播时，R_9 不宜低于 0；有高清电视转播时，R_9 最好不低于 20。

4. 彩色电视转播对照明质量要求

如上所述，彩色电视转播照明以场地的垂直照度为设计的主要指标。运动场地照明一般来说必须满足运动员、观众和摄像师三方面的要求。为此要求水平照度、垂直照度及摄像机拍摄全景画面时的亮度，必须保持变化的一致性，运动员、场地和观众之间的亮度变化比率不得超过某一数值，这样才能适应彩色电视、高清电视甚至超高清电视转播的摄像要求。

3.3.4 体育馆照明设计

1. 体育馆运动分类

在室内体育馆进行的体育运动一般分为两类。一类是主要利用空间的运动，一类是利用低位置为主的运动。运动分类参见表 3-21。

体育馆运动分类　　　　　　　　　　　　　　　表 3-21

分类	运动项目举例	净高要求
主要利用空间的运动	羽毛球、篮球、排球、手球、网球、乒乓球、跳水、室内足球、技巧	不低于 12m
主要利用低位置的运动	体操、曲棍球、冰上运动、游泳、柔道、摔跤、武术、拳击、击剑、射击、射箭	因项目而不同

2. 照明设计的基本原则

体育馆照明设计，设计者首先必须了解和掌握体育馆照明的要求，熟知体育馆照度标准和照明质量。再依据体育馆建筑结构可能安装高度和部位确定布灯方案。由于体育馆空间高度的局限，既要达到照度标准，又要满足照明质量要求，因此应选用配光合理、有合适距离比和亮度限制较严的灯具。一般来说，灯具的额定功率与其安装高度相匹配，详见表 3-22。

灯具的额定功率与其安装高度配合表　　　　　　　　表 3-22

灯具安装高度（m）	灯具类型及建议功率
<6	荧光类灯具、LED 灯
6~12	≤250W 的金卤灯、100~200W 的 LED 灯
12~18	≤400W 的金卤灯、200~300W 的 LED 灯
>18	≤1000W 的金卤灯、400~600W 的 LED 灯

体育馆照明不宜使用功率大于 1000W 的金卤灯和大于 800W 的 LED 灯。对于有电视转播的体育馆，不同运动项目灯具安装高度及布置要求比较严格，参见表 3-23。

体育馆灯具布置要求　　　　　　　　　　　　表 3-23

类别	灯具布置	灯具安装高度（m）
篮球	宜以带形布置在比赛场地边线两侧，并应超出比赛场出底线，以篮管为中心直径 4m 的圆区上方不应布置灯具	≥12
排球、羽毛球	宜布置在比赛场地边线 1m 以外两侧，底线后不宜布灯，并应超出比赛场地底线，比赛场地上方不宜布置灯具	≥12
手球、室内足球	宜以带形布置在比赛场地边线两侧，并应超出比赛场地底线	≥12
体操	宜采用两侧布置方式，灯具瞄准角不宜大于 60°	≥12
乒乓球	宜在比赛场地外侧沿长边线成排布置及采用对称布置方式；灯具瞄准宜垂直于比赛方向	≥12
网球	宜平行布置于赛场边线两侧，布置总长度不应小于 36m，灯具瞄准宜垂直于赛场纵向中心线，灯具瞄准角不应大于 55°	
拳击	宜布置在拳击场上方，附加灯具可安装在观众席上方并瞄向比赛场地	5~7

注：表中规定主要用于有电视转播级别。

3. 照明要点

体育馆的照明要求可以归纳于表 3-24 中。

体育馆的照明要求 表 3-24

类别	要求
室内装修	为使馆内顶棚、墙面等得到适当的对比，应考虑室内饰面材料的反射系数和色彩。一般情况下，为了防止反射眩光和提高照明效率，要采用无光泽的反射系数高的饰面材料
减轻眩光	要减轻光源（照明器）的直接眩光，或墙面、地面和设在场内的运动器具设备等产生的反射眩光，特别为了减轻光的直射眩光，可在照明器上加装防眩光装置
光源和灯具	在体育馆顶棚高的比赛场地上所用光源，宜采用高效率、长寿命、大光通量的金属卤化物灯或 LED 灯。对于顶棚较低，规模小的练习场地则宜采用配有电子镇流器的荧光灯、小型金卤灯、LED 灯、无极灯等
阴影	使运动员有适当的阴影和立体感效果，以便取得距离感，这对于可见度是有益的。通过从两个侧面进行照明或照明器加反射罩可以大致得到较好的阴影效果
照明计算	一般照明的照度计算方法通常有利用系数法、单位容量法和逐点计算法三种。通过计算结果就可以绘制水平照度等照度曲线图和垂直照度等照度曲线图，得出它们的平均照度、最大、最小照度值、照度均匀度及立体感等数据。这些数据如满足要求就说明布灯方案合理可行。否则就要调整布灯方案，再重新进行照明计算，直至满足要求为止。场地照明基本上采用专用软件进行计算，计算精度越来越高，完全可以满足实际需要

4. 照明设计

（1）羽毛球

这是利用空间最有代表性的运动，必须使运动员在背景衬托之下能追随和看清羽毛球飞跃途径，为了使穿梭的白色球与背景有良好的对比，而且在这个过程中不应受到眩光的影响，注意力的集中不被视线附近亮的光源而干扰。比赛时，大部分动作是在球网附近进行，因此该区域的照明，包括球场上空至少从地面起达 7m 高的空间需要照明。侧面照明是一种好的方法。如果利用设在顶棚上灯具在一般照明下进行比赛，可以在球网两侧较高的位置增加辅助投光照明，而在任何情况下灯具应装设防眩光装置，以防止眩光。

（2）篮球

由于运动员本身能跟踪和看清篮球的运动和其他运动员的快速动作，虽然球大，但动作快速，因此要求有良好的空间照度和照度的均匀性。为此，布灯要均匀排列，灯具上应有防球冲击措施。

（3）乒乓球

乒乓球比赛时，为了运动员能准确判断和掌握快速运动的球，灯具的布置不仅要顾及球台上照明，而且球台四周也要十分明亮、均匀。

（4）网球

对照明要求应能看清对象，包括球、对手、球网和场线等。灯具设在球场两侧上方，空间照度也要均匀。

灯具的最低安装高度业余为 8m、专业为 12m，为使运动员不受眩光的干扰，应在灯具上加装格栅或挡板灯防眩光装置。

（5）拳击

拳击比赛时动作非常迅速而且接近观众。拳击运动员、裁判员、公证人、医生和观众对各个方向都要有良好的能见度。比赛台上照度要求很高，同时又要对眩光有足够的限制。拳击仅要求赛台局部高照度，可采用专用升降架安装局部照明来解决，但应注意光源辐射热的影响。

（6）体操、柔道、武术、摔跤

这些运动主要是利用低位置的运动，满场应照度均匀，立体感要好，即控制好水平照度与垂直照度的比例，特别应尽可能消除倒影。

5. 布灯方式

（1）顶部布灯方式

顶部布灯方式即单个灯具均匀布置在运动场地上空，宜选用对称型配光的灯具，适用于主要利用低空间，对地面水平照度均匀度要求较高，且无电视转播要求的体育馆。灯具的布置平面应延伸出场地一定距离，用以提高场地水平照度均匀度，如图 3-14 所示。

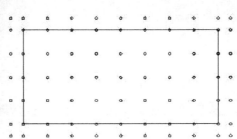

图 3-14　顶部布置

顶部布灯方式一般用于篮球、手球、乒乓球、体操、曲棍球、冰上运动、柔道、摔跤、武术等中小型体育馆。此种布灯方案比较经济，但照明的立体感差、场地地板上存在倒影。

（2）群组均匀布灯方式

群组均匀布灯方式即几个单体灯具组成一个群组，均匀布置在运动场地上空，它是顶部布灯的变形和特例，一般用于篮球、手球、乒乓球、体操、曲棍球、冰上运动、柔道、摔跤、武术等中小型体育馆和高度相对高的大型体育馆，不适用于有电视转播的场地。此种布灯方式较为经济，有一定的造型，顶部美观，但照明的立体感差，场地地板上存在倒影（图 3-15）。

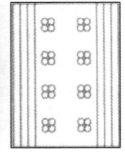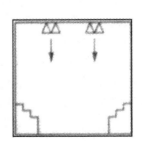

图 3-15　群组均匀布置

（3）侧向布灯方式

侧向布灯方式宜选用非对称型配光灯具布置在马道上，适用于对垂直照度要求较高、常需运动员仰头观察的运动项目以及有电视转播要求的体育馆。侧向布灯时，灯具仰角（灯具的瞄准方向与垂线的夹角）应不大于 65°。侧向布灯方式通常将灯具安装在运动场地边侧的马道上，该方式一般用于羽毛球、网球、游泳等大多数室内项目，以及垂直照度要求较高的场馆，适用于有电视转播的场地。此种布灯方式的照明立体感好，如图 3-16 所示。

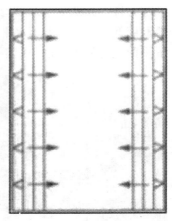

图 3-16　侧向布灯

灯具马道通常设置在运动场地的两侧，根据场地大小可设置两条或四条马道。马道位置应在场地边线向对面边线方向的仰角 θ 大于 40°（当场地两边有观众席时）。在该范围内，仰角 θ 越小，越有利于提高垂直照度，但应注意，在仰角 θ 选取时，还应同时考虑"垂直照度"与"水平照度"的比例关系问题和眩光控制问题。

（4）混合布灯方式

混合布灯方式即将上述两种或多种布灯方式结合起来的一种布灯方式，适用于所有室内项目，通过不同组合的开灯控制模式，可以满足大型体育馆以及对垂直照度要求较高的彩电转播的体育馆，有较好的照度立体感。

（5）间接照明布灯方式

间接照明是一种较为舒适的照明方式，灯具不直接照射运动场地，而是通过反射光实现场地照明。此种照明方式要求体育馆顶部为高反射率材料，同时顶部高度不宜低于10m，灯具安装应高于运动员和观众的正常视线，以控制灯具的直接眩光，但这种方式效率很低，尽量不要采用。

（6）灯光控制

体育馆内应设有灯光控制室，灯光控制室要能够很方便地观察到比赛场地的照明情况。灯光控制室内应设有灯光控制柜和灯光操作台，操作台要具有自动和手动操作功能，采用智能照明控制系统、PLC 或单板机控制。

3.3.5　实例

美国圣母大学（University of Notre Dame）位于美国印第安纳州，是世界顶尖的高等学府之一，创建于1842年。其体育馆是全美大学生联赛的主要赛场之一，达到我国甲级体育建筑标准，一万多座位数可与首都体育馆相媲美。2013年，该体育馆对场地照明系统进行改造，用LED灯替换原有金卤灯，共采用Musco公司的605W LED灯具80套，130W LED灯8套，满足高清电视转播要求，平均垂直照度达1850lx，场地照明系统总的安装功率仅为49.44kW，比原有金卤灯系统减少73%，预计十年运行、维护成本可节省220余万元人民币（厂家承诺二十年质保）。该体育馆是美国甚至世界范围内最早采用LED技术的高等级体育馆之一，侧向布灯，由于体育馆规模较大，每侧采用双马道。图3-17为体育馆灯具布置图及灯具细部。很明显它是多功能体育馆，笔者参观时即将举行开学典礼，场地由篮球场转换成会场。灯具安装在马道上，方便安装、调试，灯具散热系统依稀可见，保证了照明系统的长寿命，正因为此，厂家承诺二十年质保，这在中国市场恐怕独此一家。图中金属链条是防跌落系统，高空中如果有金属部件不慎跌落，有可能酿成悲剧。灯具布置图中圆点为605W灯具，红点为130W灯具。

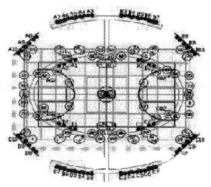

图3-17 美国圣母大学体育馆

3.4 游泳馆照明

3.4.1 概述

游泳馆正式比赛的标准泳池长50m，标准短池长为25m，宽25m，并有9条分道线构成8条泳道，各泳道的宽度为2.5m。特级、甲级、乙级游泳馆池深2.0m，丙级游泳馆池深1.3m，跳水池水深为5.25m。

游泳馆的照明在某些方面与室内体育馆及室外体育场有相同之处，不同之处在于游泳池水面在运动员游泳时会产生波浪，并有可能产生光的反射。

游泳馆照明既要满足游泳运动员、跳水运动员、工作人员、教练员和观众的要求，又要满足彩色电视转播体育比赛的需要。游泳池照明最大的难题是如何控制水面的光幕反射。水面的光幕反射有许多危害，主要有以下几点：

（1）游泳运动员看不清对手或他人。

（2）跳水运动员看不清水面，不能准确判断入水的时机，影响动作的质量。

（3）裁判员不能准确看清楚是否有犯规、违例等现象。

（4）由于反射光亮度要比池底的亮度高得多，致使观众不能看到水里的情况。

游泳馆照明的设计、灯具的安装应确保没有视觉干扰，保证观看比赛的最佳效果。在游泳池水面上，光的反射和透射的比例取决于光线入射角度。

游泳馆照明设计时要特别注意彩色电视现场实况转播，为保证转播图像生动清晰、色彩逼真，务必注意照明灯具安装的位置和投射方向，这样才能满足照明标准和照明质量的要求。

3.4.2　照明的基本要求

游泳馆内照明的主要目的是为场地内每一个人提供良好的视觉条件。因此，设计要达到以下要求：

（1）游泳池内任一点的最低水平照度不应低于 250lx。

（2）光线应能向水中折射。

（3）避免直射光或反射光产生眩光。

1. 水面反射光

如图 3-18 所示，光线经过顶棚、墙面、水面反射的情形，图 3-18（a）表示静止水面的光线反射，图 3-18（b）为波动水面时产生的反射光。观众在看台上视角相对较高，典型观看位置为站在游泳池边的运动员、裁判员、工作人员、服务员或救生员，如图 3-20 所示，他们有较低的视角，因此，其入射角一般较大，从而有较高的反射率。

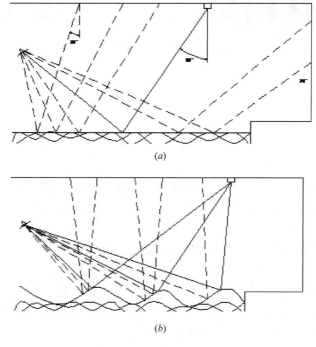

(a)

(b)

图 3-18　灯光经墙、顶棚、水面反射的反射率

（a）静止水面；（b）波动水面

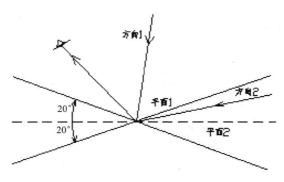

图 3-19　水面折射

（1）静止水面：观看者只能看到墙壁上或顶棚上特定发光点所形成的反射影像。

（2）波动水面：观看者能看到一个光源所形成的多个光源反射影像，图 3-18 为夸张的示意图，实际上，任何时候，水面波动都不会超过水平面的±20%，如图 3-19 所示。同理可见，人眼能看到墙壁上、顶棚上或窗户上的多点影像。背向窗户的观察者是看不到水中窗户的反射影像的。

2. 水面的透射光

从图 3-19 可知，游泳池水面上的入射角度越大，其水面反射率就越高，同时伴随着折射光越小。折射光经过光在水中传输到达池底，并在池底反射之后，人就可以在游泳池（场、地）的观众厅、池边等处看到池底的反射光。也就是说，人在池边可以看到游泳池底的亮度，这样的亮度与水面条件无关，即水面的静止或波动对池底亮度没有影响。因此，池底和水下游泳者的可见度随水面亮度的提高而减少。

游泳池底的亮度主要由进入水中的总光通量决定，因此影响池底的亮度取决于建筑的大小、灯具的光源分布、灯具的光输出、灯具的效率、墙和顶棚的反射率等因素。

水面的平均亮度除取决于总的光通量外，还取决于观看者的位置。这一点从图 3-18 可以看出。例如，游泳池边的服务员和救生员要确保游泳者的安全，照明的安装应能有最佳的视看条件。因此，水面的平均亮度不应比游泳池底的亮度高得太多。当然，工作人员、救生员也需要移动位置，改变观看位置和角度。

3. 改进水中观看条件的措施

（1）用可调节的百叶窗、固定的室外遮光板遮挡玻璃窗，以遮挡 50°以上入射角的光线。

（2）用窗帘、卷帘或有色玻璃来减少进入室内的自然光。

（3）顶棚上灯具最大光强与垂直线的角度不要超过 50°，但又不能过多地影响灯具效率。

（4）提高池底的反射率，反射率不应小于 70%。

（5）对于直接照明系统，墙和顶棚内的反射率应在 0.4～0.6 范围内。对于间接照明系统，在保证照明的效率前提下，提高顶棚的反射率并保证墙面的低照度。

（6）用水下照明系统来提高水下亮度，用人工照明来改善池中的观看视觉条件。但是水下照明不能有效地改善由窗户带来的水面反射光，不能弥补不合适的电气照明设计。

（7）游泳池四周和观众看台的照明不能产生干扰的反射光。

3.4.3 照明的设计要点

1. 照度

对游泳者来说，游泳池照明首先要为游泳者提供安全保障。因此，游泳池照明必须满足如下要求：

（1）工作人员、服务人员必须能清晰地看到发生危险的游泳者，这可通过限制水面的反射光以及有一个符合标准的水平照度来实现。

（2）在水球比赛时，裁判员和观众要能看清楚运动员的快速移动。

（3）游泳比赛时，当运动员触池时，裁判员和观众能清楚地看到触池动作，这样裁判员方可准确的判定。

（4）跳水比赛时，裁判员和观众要能看清楚运动员完成翻转及动作细节。

游泳、跳水、水球、花样游泳的照明指标推荐值参见本书第 3.1 节。

2. 均匀度

设计时应注意游泳池四周的照度均匀度，本书 3.3 节有详细说明，还要注意跳水运动员运动轨迹全过程照度均匀度。特别注意，避免墙面上的高亮度，因为高亮墙面更容易在游泳池水面上产生反射眩光。

3. 光源的颜色

原则上显色指数 Ra 在 65 及以上即可满足大部分比赛要求，使用高显色性的光源的代价是牺牲光源的光效，无论金卤灯还是 LED 都证明了这一点。对于要求高照度或需遮挡自然光的地方，光源的色温最好大于 4000K。采用 LED 灯的游泳馆，特殊显色指数 R_9 也要加以注意，标清电视转播要求 $R_9>0$；高清电视 HDTV 转播，$R_9>20$。

较好的解决方案是采用金属卤化物灯或 LED 灯，因为其效率高，寿命长，色温、显色性尚佳。光源的最终选择取决于多种因素。例如每年使用的小时数，初始投资与运转费用，光的控制、开关要求和颜色质量。应该说，选择光源的类型没什么更多的余地，选择光源的规格倒是很重要。选择光源的功率原则参见本书 3.2 节相关内容。

4. 灯具

室外游泳池照明可采用普通的泛光灯，维护也是日常维护；但是室内游泳池则不同，因室内环境为高温、潮湿，并有化学腐蚀，灯具要能适应这种不利的环境，维护工作也不同于室外。因为游泳池大厅的顶棚是密闭的，与其说是顶棚，不如说是夹层，而灯具通常在顶棚下面，给维护工作带来不少困难。当然，如果顶棚是干燥的和通风的，所有维修工作，能在顶棚空间内进行，也不存在什么特殊问题。

为此，游泳池比赛场部分选用全密封灯具，以防止尘土积聚在光源上和光学反光器上，万一光源破碎，玻璃将掉在灯具内，不至于伤人。

由于潮湿和凝结水，灯具外壳的防护等级不应低于 IP55，且在不便维护或污染严重的场所灯具外壳的防护等级不应低于 IP65，水下灯具外壳的防护等级应为 IP68。

灯具的安装位置还要考虑方便灯具的维修、清扫和更换。因此，一般不要在游泳池上面的顶棚安装灯具，而照明灯具应安装在侧边。如果侧向布灯灯具安装高度受到限制，有可能产生水面射光问题，为避免出现这种情况，应选择合适配光灯具。

3.4.4 照明设计原则

为了游泳池场地得到较高的照度，对室内游泳池要作一般要求，即游泳池底表面应有较高的反射率。

室内游泳池照明系统往往受建筑和结构的限制，室内游泳池的电气照明只能作为对自然采光的补充，当自然采光不足和无自然采光时，电气照明为运动员、工作人员、裁判员和观众提供最佳的视看条件。但是，电气照明不能减弱自然光的眩光，不能减少自然光在水面上产生的反射光。同时，照明装置必须适应环境条件，便于维护。但是，正式比赛不允许采用自然光照明。

1. 直接照明

（1）采用高强度气体放电灯或LED灯

通常采用金卤灯或LED配反射器、透镜、格栅、棱镜等，照明装置近似为点光源，提供中、宽光束配光，可严格控制与垂直线成50°角以上的亮度。照明装置效率较高，灯具光束角较小，在光束角内灯具的发光强度高，从而在水中产生很高的折射光，因此，游泳池有很高的亮度。同时，灯具在水面上的反射光面积小，亮度低。这种方案的缺点比较突出，由于照明装置向下的光强高，会对仰游运动产生眩光。如果要降低灯具的亮度，必定会增加灯具数量，以达到相同的照度，从而增加水面上反射光影的数量。

实际上顶棚的反射率应至少为0.6，从而降低灯具与其周围的亮度对比，墙面的反射率不应小于0.4，以防有郁闷的感觉。如果大面积玻璃窗的高度到顶棚，要采用窗帘和百叶窗，由于水中亮度很高，这种方案不必另设水下照明。

（2）采用带罩荧光灯或LED条形灯

条形灯要成排布置，而且要大面积布置灯具。这种方法的折射光仍然很高，反射光影响面积大，但其亮度低。其亮度比高强气体放电灯低得多，50°角以上的光强应加以控制。如果水中亮度能满足要求，可以不增加水下照明。对于小型游泳馆，如果顶棚较低，有时就难以控制50°角以上的亮度，此时可采用水下照明来改善水下观看条件。

如果墙面和顶棚的反射率为0.6，通常对游泳运动员不存在眩光问题，同样在夜间也可采用百叶窗和窗帘进行比赛。

这种方案要求灯具排列应严格平行或垂直于游泳池的长轴，仰泳运动员参照灯排的方向，而很少参照泳道的标志线进行比赛。

这种方案仅适用于全民健身、娱乐性的游泳场所。

（3）发光顶棚

发光顶棚是将照明系统安装在顶棚上，它将少量高亮度、小面积的点光源变成顶棚的面光源，并形成很低的亮度，当然顶棚要选择在50°角内低亮度的漫射板。格栅灯照明效果不能令人满意，人能看见水中光源的反射影像；同时安全上也存在问题，万一光源玻璃破碎而掉入水中，有可能伤人。

由这种照明系统提供的反射光亮度是非常低的，折光性还是可接受的，可以获得满意的观看条件。但这种照明系统的缺点是造价高，效率较低，正式比赛场所很少使用。

（4）侧面照明

与体育馆一样，侧面照明是常用的照明方式，因为它的初始费用和运输费用通常是最低的，而且维修很方便。但是其缺点也很明显：一是系统效率低，二是直接眩光和水面上的反射眩光较大。如果照明系统不能满足推荐的角度，可以采用水下照明来抵消水面的反射光。

2. 间接照明

为了减轻对运动员和观众眩光的影响，可采用间接照明方式。虽然一般认为间接照明效率不高，但在某种情况下，可能要比直接照明采用格栅式或其他措施限制眩光更经济。而且间接照明由于灯具可安装在两侧的墙上，维护管理更方便。在这种情况下，要采用浅色墙面和顶棚，墙面反射率应达 70%，顶棚反射率应达到 80%。控制反射眩光的措施如下：

(1) 顶棚的反射面不能越出泳池太多。

(2) 确保只在顶棚反射区有均匀的照明，这样将不会对游泳运动员和观众产生直接眩光，并避免在灯具上部的墙面上有高亮度值。

(3) 从游泳池长轴方向看过去，要控制一定范围内高角度的顶棚亮度。方法如下：在顶棚下安装黑色挡光板、利用横向结构梁或桥架。

间接照明系统可提供惬意的照明效果，特别适合于娱乐性的游泳池，不适合于正式比赛场所。采用大功率、高光效高强气体放电灯，并经合理设计，其运行费用比一些直接照明系统要低，维护工作也比较简便。

间接照明亮度较低，需要水下照明系统来改善观看条件。然而，有些情况下不需要增加水下照明系统也能达到可接受的观看条件。

3. 多功能照明系统

多功能照明系统通常用于娱乐和比赛用的游泳池。比赛时可能有彩色电视转播，游泳池还可用于水上表演。此系统可调成不同照明效果，可由两种及以上照明系统组合而成。

4. 水下照明

有时为增加气氛需设置水下照明。尤其花样游泳，为了能看清运动员在水下的表演动作及彩色电视转播水下运动员比赛的情况，水下照明显得更为重要，另外，装设水下照明可增加水下的亮度，减少水面的反光。

水下照明系统可增加池底亮度，降低水面上的光幕反射；其次，教练员和观众能清楚地看见游泳运动员的动作。但是水下照明要解决的最重要问题是安全问题。

游泳池设置水下照明可参考下列指标：室内为 $1000 \sim 1100 lm/m^2$（池面）。水下照明灯具宜布置在水面下 $0.3 \sim 0.5m$，灯具间距宜为 $2.5 \sim 3m$（浅水池）和 $3.5 \sim 4m$（深水池）。灯具应具有防护性，并有可靠的安全接地措施。水下照明灯具应采用安全特低压供电，供电电压应不大于 12V，并选用防触电等级为Ⅲ类的灯具。

水下照明通常采用 LED 灯或高强气体放电灯，灯具一般布置在游泳池的长向侧边，灯的照射方向平行于游泳池的短边平面。这样，光束在水中距离最短，而且对游泳运动员的影响最小。泛光灯的峰值光强与水平面约成 10°角，这样对于游泳运动员和四周的观众无反射光的危害。室内装饰面的反射率应尽可能的高，以获取最佳效果。考虑到水的吸收特性，高强气体放电灯比使用白炽灯效果更好。

水下照明灯具有两种安装方式：干壁龛和湿壁龛安装。湿壁龛方式是将特殊水下灯具嵌入游泳池壁墙内；而干壁龛应为防水、密封的，灯具则为普通灯具，它装在干壁龛内。干壁龛的优点是：便于安装、对游泳者比较安全；易于调整灯具；便于从维修走道或从池外维修；可采用各种新光源。

现代游泳馆很少采用水下照明，正常的场地照明即可满足水下照明要求。

3.4.5 彩色电视转播的要求

室内游泳池，如果要求彩色电视转播，其电气照明系统可以采用永久性照明。电气照明系统可以是侧面照明系统。也可采用安装在灯桥上或马道上的泛光照明。直接向下照射的灯光不能满足垂直照度的要求。因此，采用光束控制性较好的金属卤化物泛光灯、LED灯，增加游泳池长轴方向的向下光通量，可以控制对摄像机和观众的光幕反射。然而，泛光灯严禁对在池端的游泳运动员、裁判员和官员产生不良的眩光。只要灯具安装高度适当，在游泳池上面的灯桥以及侧面照明系统可以得到非常满意的照明效果。但必须注意照明装置的位置和投射方向，以免对裁判员、工作人员和观众产生眩光，以及不能影响跳水运动员和游泳运动员的情绪。

3.4.6 实例

1. 国家游泳中心——水立方

国家游泳中心——水立方是中国人自主创新的杰作，曾获国家科技进步一等奖、国家优秀设计金奖等诸多国内外奖项。其巧夺天工的设计创造了多项世界第一，多项国家和省市级科技攻关课题，数十项拥有自主知识产权的专利技术。整个建筑节能达9%以上，实现了美观与技术的统一。

2008年奥运会期间水立方可容纳1.7万名观众，奥运会后拆除临时座位，只保留6000座。奥运会时总建筑面积为8.7万 m^2，奥运会后进行改造，总建筑面积为9.4万 m^2，地下两层，地上四层，地面上高度31m。建筑围护结构采用双层聚四氟乙烯（ETFE）薄膜气枕单元。地下部分为混凝土结构，桩基础，地上为多面体钢架钢结构体系。内设奥林匹克游泳池（正式比赛用）、热身池（热身及全民健身用）、跳水池各一个。

图3-20为水立方场地照明布灯图，共采用308套EF2000灯具，1000W双端短弧金卤灯。表3-25为主要模式下的开灯数量及用电负荷，表3-26为实测数据与设计标准、设计数据的对比，水立方的场地照明达到了奥运会比赛及高清电视转播的需要。

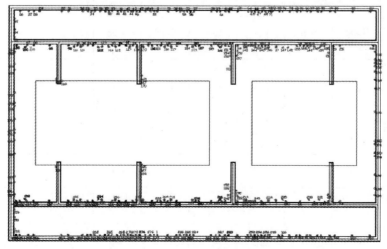

图 3-20 水立方场地照明布灯图

主要模式下的灯具数量和用电负荷　　　　　　　　　　表 3-25

序号	照明开关模式	灯具型号	开灯数量（套）	用电负荷（kW）
1	游泳高清晰电视转播	EF2000 1000W	215	229
2	10m 台跳水高清晰电视转播	EF2000 1000W	138	147
3	3m 板跳水高清晰电视转播	EF2000 1000W	136	145
4	水球高清晰电视转播	EF2000 1000W	195	208
5	花样游泳高清晰电视转播	EF2000 1000W	206	220
6	观众席普通照明	EF4040MA 400W	66	70
7	观众席和场地应急照明	QF500 500W	48	24

注：1. 灯具维护系数取 0.8。
　　2. 灯具功率因数>0.9，镇流器功耗不大于 56W。
　　3. 高清晰电视转播场地照明用灯具 EF2000 1000W 共计 308 套

场地照明实测结果　　　　　　　　　　表 3-26

场地类别	项目	设计大纲要求值			设计计算值			实际检测值			
		最小	U_1	U_2	最小	U_1	U_2	平均	最小	U_1	U_2
		min(lx)	min/max	min/avg	min(lx)	min/max	min/avg	ave(lx)	min(lx)	min/max	min/avg
游泳池	水池水平照度 E_h	—	0.7	0.8	3135	0.81	0.89	3352	—	0.76	0.83
	1号摄像机垂直照度 E_{v_cam1}	1400	0.6	0.7	1833	0.78	0.87	—	2112	0.66	0.78
	西向移动摄像机 E_v_-X	1000	0.4	0.6	1003	0.64	0.79	—	1689	0.84	0.91
	东向移动摄像机 E_v_+X	1000	0.4	0.6	1075	0.72	0.81	—	855	0.52	0.74
	主席台方向移动摄像机	1000	0.4	0.6	—	—	—	—	1618	0.63	0.74
跳水池	水池水平照度 E_h	—	0.7	0.8	3149	0.46	0.55	2563	—	0.7	0.86
	3m 跳板 1 号摄像机垂直照度 E_{v_cam1}	1400	0.6	0.7	1553	0.79	0.83		1524	0.6	0.75
	10m 跳台 16 号摄像机侧面垂直照度 E_{v_cam16}	1400	0.6	0.7	2360	0.9	0.94		—		
	10m 跳台正面垂直照度	1400	0.6	0.7	1447	0.95	0.98		1710	0.82	0.89
	3m 跳板正面垂直照度	1400	0.6	0.7	1685	0.89	0.94		1463	0.89	0.94
	东向移动摄像机 E_v_+X	1000	0.4	0.6	1117	0.62	0.73		751	0.6	0.77
	主席台方向移动摄像机	1000	0.4	0.6	—	—	—		1164	0.62	0.77

2. 上海浦东游泳馆

该馆是目前浦东新区最大的集健身、休闲、娱乐、竞赛、训练为一体的场馆，属于改造项目。拥有国际标准的比赛池，还有训练池、嬉水池等。原场地照明采用 33 套 1000W 和 29 套 400W 金卤灯，使用 7 年后灯体腐蚀严重，存在安全隐患。改造采用 Musco 公司单灯功率 270W 的高效、耐腐蚀 LED 灯具 44 套（图 3-21）。改造后平均水平照度达 600lx，照度提高 34%，照度均匀度提高 100%，而新的照明系统总安装功率只有原系统的 12%，照度功率比是原金卤灯系统的 4.54 倍，提高 78%。节能效果非常可观（表 3-27）。

图 3-21 上海浦东游泳馆实景（照片由 Musco 提供）

浦东游泳馆照明改造前后对比 表 3-27

项目	改造前	改造后	能耗节省
光源	金卤灯	LED	
灯具数量	62	44	减少 18 套
光源功率	27×400W +33×1000W	44×270W	31920W，减少 72.9%
照度（lx）	451	555	
照度功率比（lx/W）	0.010297	0.046717	

3.5 气膜馆照明

3.5.1 特点

气膜馆是气膜建筑中的一种，是一种膜结构的体育馆。它采用了特殊的膜材作为建筑物的外壳，并配有智能化的机电设备为气膜馆内部提供正压的空气，并把建筑主体支撑起来。气膜馆发展很快，迅速在世界范围内普及，其主要有以下特点：

1. 拥有良好的经济性和便利性

气膜馆的造价不到同等规模、同等业态固定建筑的30%，投资低廉。同时，气膜馆建设快速、灵活，施工周期一般不超过一周，节省施工及工程管理的成本。而且非常便于搬迁，进行异地重新建设。

2. 绿色节能

气膜馆是典型的绿色节能建筑，整个建筑可以重复利用，建筑能耗显著降低。据有关资料介绍，对全球1000多个气膜建筑30多年的跟踪、监测，气膜建筑的空调和采暖的能耗仅为传统建筑的10%~30%。

3. 安全

特殊的充气膜结构不仅可抗风雪，而且轻便、安全。由于充气膜的特性，即使倒塌，也会"慢撒气"，有一定时间让人撤离，不突然垮塌。

4. 便于维护

气膜馆建成后近似免维护，维护成本低。

下面回归正题——气膜馆的照明。现在气膜馆许多采用间接照明，如图3-22所示，将光源直射到内膜，由于膜是白色的，具有一定的反射率，这样通过二次反射在场地上获得所需的照明。其突出的优点是眩光很小。

图3-22 气膜馆的间接照明

但是间接照明的效率太低，能源利用率不高，且这样的方案多用于娱乐、训练等低等级的场地照明标准，很难获得高等级的场地照明标准，或者获得高等级场地照明标准的代价巨大，不推荐采用此种方式。建议、并期待有关厂家研发满足气膜馆需求的直接型的照明产品。

因此，气膜馆是临时建筑，下面通过一个案例进行说明。本案例为儿童乐园，建设在海边沙滩上，规模不大，建设更加方便、快捷，用电量不足10kW。

气膜馆是用特殊的建筑膜材做外壳（图3-23），并配有一套智能化的机电设备在其内部提供空气正压（图3-24），把建筑主体支撑起来的一种建筑结构系统。

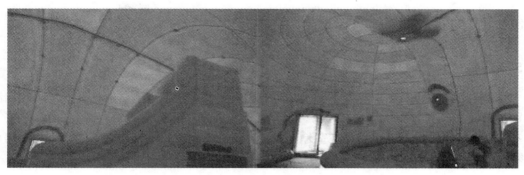

图 3-23 气膜馆内部

图 3-24 充气泵

3.5.2 负荷情况

让我们先了解一下气膜馆内负荷情况。负荷只有三种：

充气泵：该负荷是气膜馆的关键负荷，是支撑气膜馆的关键。风量、用电功率、电压等级等技术参数随气膜馆规模大小而变。本案规模较小，充气泵为单相220V、550W、风量为480m³/h（图3-24）。

空调器：本案采用普通的分体空调柜机，2匹，共两台，如图3-25所示。

图 3-25 空调机

照明：照明采用自然光采光和人工照明相结合的方式。

总而言之，本案的气膜馆负荷类型少，容量小。

3.5.3　系统

由于负荷类型少、负荷容量小，所以系统比较简单。除主进断路器外，四个出线回路分别至充气泵、空调器（2 台）、照明。由于配电与控制在一个箱体内（图 3-26），并安装在室外，充气泵、空调器也安装在室外，人员容易触摸设备的金属外壳，因此出线回路设置剩余电流动作保护。

图 3-26　控制箱

3.5.4　其他

实地考察发现本案的气膜馆存在一些问题。

（1）从照片上看，设备安装非常随意，不规范。安全也存在隐患。

（2）电缆裸露在外，没有任何保护措施，无论从安全角度还是电缆的寿命都不应该裸露敷设。

（3）照明效果非常不好，比较昏暗，也许经营方追求蓝色海洋般的梦幻效果，但安全应该放在第一位，至少应该设应急照明。

第4章 应 急 照 明

4.1 关于应急照明

4.1.1 应急照明的分类

《民用建筑电气设计规范》(JGJ 16—2008) 对应急照明有明确的定义,并与《建筑照明设计标准》(GB 50034—2013) 一致。《建筑照明设计标准》第 2.0.1 条定义应急照明为因正常照明的电源失效而启用的照明。应急照明包括疏散照明、安全照明、备用照明。而疏散照明的定义为用于确保疏散通道被有效地辨认和使用的应急照明。《建筑照明设计标准》和《民用建筑电气设计规范》对应急照明的定义均源于国际照明委员会 CIE,可以说是同宗同源。应急照明的定义、组成、内涵如图 4-1 所示。

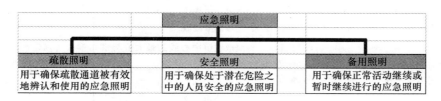

图 4-1 应急照明结构图

4.1.2 应急照明和灯光疏散指示标志的内涵

从《建筑照明设计标准》、《民用建筑电气设计规范》角度,应急照明范围较大。《消防应急照明和疏散指示系统》GB 17945—2010、《消防应急照明和疏散指示系统技术标准》GB 51309—2018 定义了火灾应急照明,它是应急照明的一种应用。火灾应急照明包括备用照明、疏散照明,因此,应急照明包含疏散照明,而灯光疏散指示标志是疏散照明中的一种。

4.1.3 应急照明和灯光疏散指示系统设置的标准

火灾时,消防应急照明和疏散指示系统必须可靠运行。该系统在火灾时可靠运行是对消防应急照明和疏散指示系统的基本要求,也是总体原则。

(1) 对设有消防控制室的场所,应设置集中控制型的系统,由火灾自动报警系统联动以及手动控制。

(2) 对没有消防控制室但设有火灾自动报警系统的场所,宜设置集中控制型的系统,同样由火灾自动报警系统联动以及手动控制。

(3) 非集中控制型的系统,疏散标志灯应为常亮型的,即通常所说的长明灯。而应急照明灯则采用人体感应和主电断电点亮功能。

有火灾自动报警系统的场所，需设集中控制型的系统；没有火灾自动报警系统的场所，疏散标志灯用长明灯。

4.1.4 如何区分备用照明和疏散照明？

根据相关规范，备用照明与疏散照明的异同点见表 4-1。

备用照明与疏散照明的对比   表 4-1

名称	备用照明		疏散照明		备注
定义	用于确保正常活动继续或暂时继续进行的应急照明		用于确保疏散通道被有效地辨认和使用的应急照明		《建筑照明设计标准》（GB 50034—2013）
应用	正常照明因故熄灭后，需确保正常工作或活动继续进行的场所		正常照明因故熄灭后，需确保人员安全疏散的出口和通道		《民用建筑电气设计规范》（JGJ 16—2008）
共同点	正常照明因故熄灭后的照明				
关键词	正常工作或活动继续		出口和通道		
目的	继续工作或继续活动		人员安全疏散		
场所举例	消防控制室、变电所、消防水泵房、通信机房、消防电梯机房等		疏散通道、疏散楼梯间、出口等		《建筑设计防火规范》（GB 50016—2014）
标准值	手术室、急症抢救室、重症监护室	100%正常照明	水平疏散通道	≥1lx	《建筑照明设计标准》（GB 50034—2013）
			人员密集场所、避难层（间）	≥2lx	
	其他场所的照度值除另有规定外	≥10%的一般照明照度标准值	垂直疏散区域	≥5lx	
			疏散通道中心线的最大值与最小值之比	≤40∶1	
			寄宿制幼儿园和小学的寝室、老年公寓、医院等需要救援人员协助疏散的场所	≥5lx	
	消防控制室、消防水泵房、自备发电机房、配电室、防排烟机房以及发生火灾时仍需正常工作的消防设备房应设置备用照明，其作业面的最低照度不应低于正常照明的照度		建筑内疏散照明的地面最低水平照度应符合下列规定： (1) 对于疏散走道，不应低于 1.0lx； (2) 对于人员密集场所、避难层（间），不应低于 3.0lx；对于病房楼或手术部的避难间，不应低于 10.0lx； (3) 对于楼梯间、前室或合用前室、避难走道，不应低于 5.0lx。		《建筑设计防火规范》（GB 50016—2014）

由表 4-1 可以看出，《建筑设计防火规范》（GB 50016—2014）的要求严于《建筑照明设计标准》（GB 50034—2013）。

4.1.5 疏散标志灯的亮度

火灾时，人们需要看清楚疏散标志灯，这一点非常重要。这样才有可能帮助人员安全逃生，因此，疏散标志灯的作用不言而喻。国家标准《消防应急照明和疏散指示系统》（GB 17945—2010）要求，仅用绿色或红色图形构成标志的标志灯表面亮度不低于 50cd/m^2，且不大于 300cd/m^2；用白色与绿色组合或白色与红色组合构成图形的标志灯，其表面最小亮度为 5cd/m^2～300cd/m^2。标准编写组作了大量的实验研究，为标准制定提供依据。实验表明，从火灾自动报警系统的探测器报警开始，疏散标志灯可以被看见的时间见表 4-2。

标志灯可见时间（s） 表4-2

材料 \ 顶棚高（m）	2.4	4
木材	1055＝17.58min	2040＝34min
聚氨酯泡沫	350＝5.83min	418＝9.67min

由此可见，标志灯 $50cd/m^2$ 的表面亮度可以让人有一定的时间辨认逃生路线，因此，其规定是科学合理的。

4.1.6 民用建筑中的安全照明

如上所述，我国标准和 CIE 标准关于应急照明中的安全照明，有些民用建筑中对此作出规定和要求，为了进一步理解安全照明，表 4-3 列出了相关定义和应用举例。

应急照明类别 表4-3

类别	描述	应用举例
备用照明	需确保正常工作或活动继续进行的场所	消防控制室、消防水泵房等
安全照明	需确保处于潜在危险之中的人员安全的场所	手术室、抢救室、生化实验室、体育场馆的观众席和运动场
疏散照明	需确保人员安全疏散的出口和通道	疏散通道、疏散楼梯

安全照明确实很少在民用建筑中使用，有限的使用场所屈指可数，其照明水平通常用平均水平照度标准值进行要求。

首先，医疗建筑中两类场所中手术室、抢救室对安全照明有很高的要求，其照度应为正常照明的照度值，以保障手术、抢救继续进行。

第二，体育建筑中的观众席和运动场地也是人员密集场所，人员会因停电处在潜在危险之中，其安全照明的照度值不应低于 20lx。

第三，生化实验、核物理等特殊实验室潜在危险性更大，公众没有相关防护知识，有必要设置安全照明，其照度值不应小于正常照度值。

第四，其他场所也有可能设置安全照明，如果没有明确规定，其标准值建议不低于该场所一般照明照度标准值的 10％，且不低于 15lx。

4.2 关于消防应急照明

最近有网友问关于消防应急照明相关问题，对于消防问题笔者一贯谨慎，没有依据不能乱说。现在尝试回答消防应急照明的相关问题。

4.2.1 消防应急照明是什么？

《建筑设计防火规范》（GB 50016—2014）中多次提出消防应急照明，术语中没有定义其内涵，但条文说明中指出，消防应急照明指的是火灾时的疏散照明和备用照明。从条文说明中可以理解为消防应急照明是应急照明应用场景中的一个特例，那么问题出现了，在设计时是设计一套消防应急照明系统和一套非消防应急照明系统，还是只设计一套共用的应急照明系统？这个需要大家认真对待和讨论。

4.2.2　自带蓄电池非持续型应急照明灯具的点亮问题

有朋友问：自带蓄电池非持续型应急照明灯具的点亮问题，像此类灯在发生火灾时只能通过消防联动切断主电源后点亮，对么？

回答此问题先要弄清楚如下几点：

（1）什么是自带蓄电池非持续型应急照明灯具？

《消防应急照明和疏散指示系统》（GB 17945—2010）给出非持续型应急照明灯具的定义，即光源在主电源工作时不点亮，仅在应急电源工作时处于点亮状态的应急照明灯具。自带蓄电池非持续型应急照明灯具的应急电源是蓄电池，蓄电池是应急照明灯具的一个组成部分。因此，这类消防应急照明灯具平时不点亮，当主电源（通常为市电）不工作时，由蓄电池供电点亮光源。

（2）是否只能通过消防联动切断主电源来点亮该类灯具？

通过消防联动切断主电源（简称"切非"，下同），对于自带蓄电池非持续型应急照明灯具来说，主电源（市电）断电，由蓄电池供电，继而点亮光源。这种方式在工程中经常使用，但不是唯一的。

除"切非"方式外，采用自带电源集中控制型系统也是有效方法，该系统由自带电源型应急照明灯具、应急照明控制器、应急照明配电箱及相关附件等组成，其系统构架图如图 4-2 所示。该系统的核心是应急照明集中控制器，该控制器用来控制、显示集中控制型消防应急灯具、应急照明配电箱。这类系统由专业厂家生产并通过国家相关部门认证。

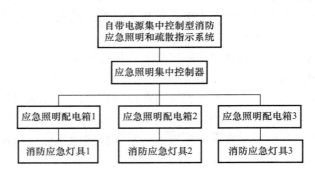

图 4-2　自带电源集中控制型系统构架图

4.3　应急照明的供电问题

4.3.1　应急照明连续供电时间

1. 规范要求

许多规范都涉及应急照明连续供电时间，下面主要介绍两个具有代表性的规范，分别代表消防行业和建筑行业。

（1）《建筑防火设计规范》

《建筑设计防火规范》（GB 50016—2014）第 10.1.5 条规定，建筑内消防应急照明和灯光疏散指示标志的备用电源的连续供电时间应符合下列规定：

1）建筑高度大于 100m 的民用建筑，不应小于 1.5h。

2）医疗建筑、老年人照料设施、总建筑面积大于 100000m² 的公共建筑和总建筑面积大于 200000m² 的地下、半地下建筑，不应少于 1.0h。

3）其他建筑，不应少于 0.5h。

为便于使用，应急照明连续供电时间的要求参见表4-4。

应急照明连续供电时间 表 4-4

要求	连续供电时间（h）
超高层建筑	≥1.5
医疗建筑、老年人建筑（老人公寓、养老建筑等）、总建筑面积大于 100000m² 的公共建筑	≥1.0
其他建筑	≥0.5

（2）《民用建筑电气设计规范》

《民用建筑电气设计规范》（JGJ 16—2008）第 13.8.6 条规定，备用照明及疏散照明的最少持续供电时间及最低照度，应符合表4-5 的规定。

火灾应急照明最少持续供电时间、照度表 表 4-5

区域类别	场所举例	最少持续供电时间（min）		照度（lx）	
		备用照明	疏散照明	备用照明	疏散照明
一般平面疏散区域	第 13.8.3 条 1 款所述场所	—	≥30	—	≥0.5
竖向疏散区域	疏散楼梯	—	≥30	—	≥5
人员密集流动疏散区域及地下疏散区域	第 13.8.3 条 2 款所述场所	—	≥30	—	≥5
航空疏散场所	屋顶消防救护用直升机停机坪	≥60	—	不低于正常照明照度	—
避难疏散区域	避难层	≥60	—	不低于正常照明照度	—
消防工作区域	消防控制室、电话总机房	≥180	—	不低于正常照明照度	—
	配电室、发电站	≥180	—	不低于正常照明照度	—
	水泵房、风机房	≥180	—	不低于正常照明照度	—

表中所提及的《民用建筑电气设计规范》（JGJ 16—2008）第 13.8.3 条规定如下：公共建筑、居住建筑的下列部位，应设置疏散照明：

1）公共建筑的疏散楼梯间（包括防烟楼梯间前室）、疏散通道、消防电梯间及其前室、合用前室；

2）高层公共建筑中的观众厅、展览厅、多功能厅、餐厅、宴会厅、会议厅、候车（机）厅、营业厅、办公大厅和避难层（间）等场所。

（3）《消防应急照明和疏散指示系统技术标准》

国标 GB 510309—2018《消防应急照明和疏散指示系统技术标准》于 2018 年 7 月 1 日发布，2019 年 3 月 1 实施。其中第 3.2.4 条为强条，该条的要求及笔者的理解见表 4-6。

蓄电池电源供电时的持续工作时间　　　　　　　　　　　　　　　　表 4-6

建筑类型	蓄电池电源供电时的持续工作时间（h）	理解
建筑高度大于 100m 的民用建筑	≥1.5	建筑高度高、人员密集、一旦发生火灾扑救难度大、人员疏散时间长，因此蓄电池电源供电的持续工作时间要求也相应提高
医疗建筑	≥1.0	病人由于健康原因行动较慢，而且相当一部分病人岁数较大，疏散时间长
老年人照料设施		老人行动缓慢、有些老人身体欠佳，需要疏散时间较长
总建筑面积大于 10 万 m² 的公共建筑		建筑面积大，建筑内人员众多，一旦发生火灾疏散难度大，疏散时间长
总建筑面积大于 2 万 m² 的地下、半地下建筑		地下、半地下建筑面积大，火灾危险性大，建筑内人员多，一旦发生火灾扑救难度，人员疏散难度也大，疏散时间长
其他建筑	≥0.5	一旦发生火灾，扑救难度相对上面几种情形难度降低

应该说明，上表中的时间为最低值，实际应用时需根据具体工程情况进行研究，或根据消防性能化设计进行确定。

2. 规范分析

将上述内容整理得出表 4-7。

综合的应急照明连续供电时间　　　　　　　　　　　　　　　　　表 4-7

场所举例	最少持续供电时间（min）		规范
	备用照明	疏散照明	
公共建筑的疏散楼梯间（包括防烟楼梯间前室）、疏散通道、消防电梯间及其前室、合用前室	—	≥30	《民用建筑电气设计规范》（JGJ 16—2008）
疏散楼梯	—	≥30	
高层公共建筑中的观众厅、展览厅、多功能厅、餐厅、宴会厅、会议厅、候车（机）厅、营业厅、办公大厅和避难层（间）等场所	—	≥30	
屋顶消防救护用直升机停机坪	≥60	—	
避难层	≥60	—	
消防控制室、电话总机房	≥180	—	
配电室、发电站	≥180	—	
水泵房、风机房	≥180	—	
建筑高度大于 100m 的民用建筑	≥90	≥90*	《建筑设计防火规范》（GB 50016—2014）
医疗建筑、老年人建筑、总建筑面积大于 100000m² 的公共建筑	≥60	≥60*	
其他建筑	≥30	≥30*	

注：1. 带 * 标志的为灯光疏散指示标志。

　　2. 备用照明是应急照明中的一种。

从表4-7不难看出，这两部规范的要求不一致，有的相差较大，给使用者造成许多困惑，建议选择要求高的标准。

4.3.2 双头应急灯的使用

众所周知，应急灯是常用的灯具之一，主要在紧急情况下市电停电后为人们继续提供照明的灯具。图4-3是常用的双头应急灯，顾名思义该类灯具为两个灯头用于照明。

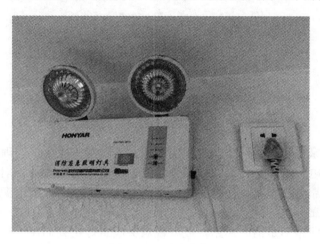

图4-3 双头应急灯

最近，笔者对某居住建筑物进行观察和试验，结果令人担忧。第22层共有8盏双头应急灯，出厂时间均为2012年11月，经查这8盏灯全部不能正常工作，1盏灯丢失；其余双头应急灯指示灯全部不亮，按试验按钮没有任何反应，还有一盏灯的插头没有接到插座上，其他灯的插座都没有接牢（图4-4）。灯具表面有明显锈蚀（图4-5），内部线路板是否锈蚀？

图4-4 插头虚接在插座上

图 4-5　灯具表面锈蚀

最近，不少专家呼吁，民用建筑中不应使用如此的双头应急灯，理由如下：

（1）用插座供电，电源不可靠。插座是为了方便使用而设置的，对于应急照明灯具这类明确的负荷，可靠应放在第一位。一般插座回路为三级负荷，对电源要求不高，插座与插头的连接本身可靠性也有所降低。

（2）普通插座回路不是消防回路，或者说双头应急灯接到插座上，该回路将消防负荷与非消防负荷混接，不符合规范要求。

（3）插座回路的线路为普通线路，不符合规范要求，尤其灯具附带的插头线路裸露在外，没有任何防护，火灾时是最薄弱环节。

（4）管理难度大。双头应急灯数量较大时，管理、维护难度大，有些物业疏于管理，造成这类灯具不能正常工作。

试想一下，如果发生火灾，应急灯不能正常工作，人员如何疏散、逃生？

最新的《消防应急照明和疏散指示系统技术标准》GB 510309—2018 第 4.5.5 条允许自带电源型灯具接入插座供电，该条规定，非集中控制型系统中，自带电源型灯具采用插头连接时，应采用专用工具方可拆卸，避免在日常使用过程中非维护人员随意拔出插头，影响灯具的正常运行。

第 5 章　LED 照明新技术

5.1　LED 照明的电气特性研究

本章对 LED 照明的电气特性进行系统的试验研究，包括：LED 灯的负荷性质、启动特性、冲击特性、谐波特征、熄弧特性、电压特性、调光特性、温度特性，LED 灯的电气特性见表 5-1。需要说明的是，试验以技术难度高的大中功率 LED 灯为主，从中可以得出 LED 灯的电气特性。

LED 灯的电气特性　　　　　　　　　　　　　　　　　　表 5-1

序号	特性	含义
1	负荷性质	在额定电压、额定频率下，测试 LED 灯是感性负荷还是容性负荷
2	启动特性	在额定电压、额定频率下，LED 灯从接通电源到 LED 灯光输出稳定这段时间内相关参数的变化情况，包括电压、电流、谐波等的变化
3	冲击特性	在额定电压、额定频率下，LED 灯从接通电源到 LED 灯光输出稳定后整个运行期间灯电流的变化
4	谐波特性	给 LED 灯加以额定电压，在其稳定后输入线路的谐波特性
5	电压特性	在 LED 灯允许电压范围内，不同电压下 LED 灯的光输出特性
6	调光特性	对 LED 灯进行调光，在不同光输出下的相关参数变化情况，包括电压、电流、谐波变化情况
7	熄弧特性	断电后重新通电的光输出特性
8	温度特性*	在额定电压、额定频率时，LED 灯在不同环境温度下相关参数的变化情况，包括 LED 灯电流、光输出等

注：* 需要说明，由于不具备条件，温度特性试验没有实施，只进行控制系统的控制模块温度试验和研究。

试验灯具的技术参数见表 5-2。

被测 LED 灯基本技术参数　　　　　　　　　　　　　　　　表 5-2

品牌	WJ	LS	MC		PL	SX	TN	XN
产地	中国	中国	美国		欧洲	中国	欧洲	中国
型号	S1500-5-5500-70-M	ZQGD-FD008	TLC-LED-1400	TLC-LED-600	BVP622	PAK470388	Altis Sport	RT200FL-9M630W/22VAC
驱动/电源	Huawei	英飞特	自有		外置	恒流驱动电源	1050mA	PW200T

续表

容量（W）	1500	650	1400	630	960	600	1277	678
电压（V）	176～290	220	380		220	220	220～240	220
功率因数 $\cos\phi$	0.95	0.96	0.9		0.95	≥0.95	0.95	0.99
功率因数 PF	0.95	0.96	0.9		0.95	≥0.95	0.95	0.99
光通量（lm）	165000	65000	133000	63600	$Ra>90$, 67200＋F12＋F33 / $Ra>75$, 96000	56000	NB：95786 MB：95896 WB：91046	67046
光效（lm/W）	110	100	95	101.0	70	93	75	99
光通维持率（30000Hrs）	6000h>90%	96.10%	100%		50000h@L70	≥70%	L80	>70%/50000h
相关色温 T_k（K）	5500	4000	5700		5700 / 4000	6000	5700	5892
一般显色指数 Ra	70	80	90	75	$Ra=93$ / $Ra=76$	≥80	92	91
特殊显色指数 $R9$	<0	9	37		68（$Ra>90$）		68	62
频闪比	<0.1%	/	<3%				<1%	无
寿命（h）	L70＝70000	30000	>51000		50000h@L70	30000Hrs	L80B10 －40000hrs@35℃； －60000hrs@25℃；	>50000
重量（kg）	36	25	48	20	36（含电器）	35	30	30（含电源）＋I37
体积（长×厚×高）（mm）	705×705×495	330×84×240	813×203×660	673×419×445	740×680×340mm	730×108×670	749（L）×747（W）×165（H）	553×553×220

从表中可以看出，上述 LED 灯都是大中功率的，小功率具有类似的特性。

5.2　LED 灯的启动特性和冲击特性

试验表明，LED 灯的冲击发生在启动过程中，因此可以将启动特性和冲击特性一起加以研究。

首先需要明确一下启动的含义，即从 LED 灯接通电源开始到光通量刚刚稳定止的过程就是 LED 灯的启动过程。

5.2.1 试验数据

本次试验对 7 个品牌 7 款产品进行试验，试验结果列于表 5-3。

启动、冲击特性试验数据							表 5-3
编号	1	2	3	4	5	6	7
品牌	LS	WJ	SX	XN	TN	PL	MC
启动时间（ms）	379	≈4000	323	444	1035	100	393
最大电流波动持续时间（ms）	13	160	34	11	13	40	15
电流（A） 最大正值	49.158	9.537	16.785	14.114	59.509	17.166	8.392
最大负值	−9.537	−8.392	−15.64	−3.052	−44.632	−6.485	−26.321
稳态值 I_e	3.1	7.9	2.9	2.1	6.2	3.8	2.1
l_{max}/I_e	15.86	1.21	5.79	6.72	9.6	4.52	−12.53

注：表中品牌为代码，以示区别。

5.2.2 启动特性

从表 5-3 可知，2 号 WJ 品牌的灯具启动时间较长，约 4s，试验时有明显的延时；5 号灯具 TN 品牌的灯具启动时间超过 1s，相对较长；其他品牌的灯具均在 450ms 以下。

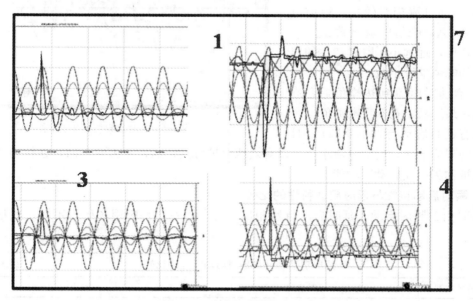

图 5-1 瞬时启动特性波形图

根据启动时间的长短可以将启动特性分为瞬时启动特性和延时启动特性两大类。

1. 瞬时启动特性

图 5-1 为瞬时启动特性的波形，分别为 1、3、4、7 号灯具启动的波形图。从图 5-1 和表 5-3 可知，瞬时启动的 LED 灯启动过程有如下特点：

（1）启动电流大

启动过程具有非常大的尖峰电流（也称为峰值电流），最大值达 49A，对于稳态电流只有约 3A 的 LED 灯来说，尖峰电流达 15 倍之多，远远超出预期。电流达到峰值后快速衰减，最终稳定在额定电流值。

（2）启动时间短

启动时间比较短，从开始接通电源到灯电流稳定不到 0.5s 的时间（5 号灯具 TN 品牌除外），而出现最大值的时间约在 800ns～4ms 之间，峰值电流非常靠前。

（3）负向峰值

从图中可以看出，启动过程中除了正向峰值外，还存在负向峰值，有时负向峰值比正向峰值大。

（4）峰值不确定性

多次试验发现，峰值的大小存在不确定性。这与电源是交流电有关，灯具接通电源的时机是随机的，接通电源瞬间的相位角不同，造成峰值大小也各不相同。

2. 延时启动特性

图 5-2 是延时启动特性波形图，为 2 号灯具 WJ 品牌的产品。从波形图可以看出：

a）启动有一段延时，实际感观在 2～4s，且延时是故意引入的。

b）启动电流相对较小，峰值电流约为 9.5A，峰值电流倍数 I_{max}/I_e 只有 1.2 倍，远远小于瞬时特性的启动电流的峰值电流倍数。

c）启动时电流到达峰值后，逐渐衰减，最终稳定在额定电流值。

具有延时启动特性的 LED 灯具

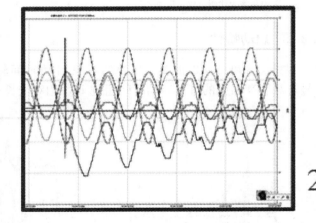

图 5-2　延时启动特性波形图

有较好的限流效果，启动电流小，可以有效地保护灯具，延长光源的寿命，在控制领域该技术也被称为"软启动"功能。

3. 瞬时启动特性与延时启动特性的比较

LED 灯的瞬时启动与延时启动特性相反，特点相左，其应用场所也不同，概括起来见表 5-4。

瞬时启动特性与延时启动特性的比较　　　　　　　　　　　　　表 5-4

启动特性类型		延时启动	瞬时启动
特点	启动电流	启动电流小，一般峰值电流不超过 $1.5I_e$，对系统冲击小	启动电流大，峰值电流非常高，这次试验达 $15I_e$，后面利用相位跟踪技术，峰值电流倍数高达 30 倍，对系统冲击大
	启动时间	启动时间长，多为 1～4s。有的具有软启动、软停止功能	启动时间短，为 0.5s 级，峰值电流为毫秒级
	驱动电路	比较复杂，加入延时及相关电路	相对简单

续表

经济性		造价较高	造价相对便宜
应用情况	一般应用	可应用于民用建筑中一般场所的照明。这主要利用该类灯具启动电流小的特点。LED灯使用量大时，可使用此启动方式的LED灯，避免较大的启动电流冲击系统	适用于对照明连续性要求高的场所或房间。该应用主要利用该类灯具启动时间短的特点，实现连续照明，例如安全照明、重要场所的疏散照明、极其重要的备用照明等
	重大赛事场地照明的应用	重大赛事的场地照明，如果使用具有延时启动功能的LED灯，当一个电源断电，由另一电源继续供电，该类型灯具会造成1~4s的延时，导致比赛短暂中断，电视转播深受影响，甚至造成重大的经济损失。为了解决此问题，需增设UPS等措施，系统复杂，需考虑谐波的影响，投资较大	重大赛事的场地照明，如果使用具有瞬时启动的LED灯，可以实现瞬间启动，照明熄灭的时间取决于电源转换的时间，有利于实现场地的连续照明，其效果相当于"金卤灯+热触发装置"解决方案。当然，对于奥运会等赛事，建议增设UPS

5.2.3 冲击特性

从表 5-3、图 5-1、图 5-2 可知：

（1）LED 灯的冲击出现在其启动过程。

（2）延时启动的 LED 灯峰值电流约 $1.2I_e$，峰值电流较小，冲击的影响相对较小。

（3）瞬时启动的 LED 灯必须考虑冲击的影响，峰值电流高达 15 倍之多，甚至更大，且峰值电流的大小不确定，与合闸通电时的相位角有关。如图 5-3 所示，同一款 LED 灯两次试验，其峰值电流倍数分别为 7.8 倍和 3.9 倍，验证了峰值电流不确定性的特征。

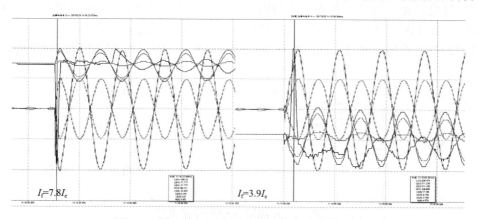

$I=7.8I_e$ $I=3.9I_e$

图 5-3　同一款灯两次试验其峰值电流倍数不同

而据国外文献资料，LED 灯启动时的峰值电流倍数最高可达近 250 倍，非常恐怖的数据。

为了获得启动时峰值电流最大值，我们采用相位跟踪技术，在相位角为 90°时接通 LED 灯电源，相关数据见表 5-5，波形如图 5-4 所示。

国际知名品牌 MUSCO 的 LED 灯峰值电流倍数　　　　　　　表 5-5

电压相位角	峰值电流倍数（倍）
0	7.3
45°	20
90°	30

注：峰值电流倍数是在额定电压、额定频率、正常环境下，LED 灯启动过程中的峰值电流与额定电流的比值。

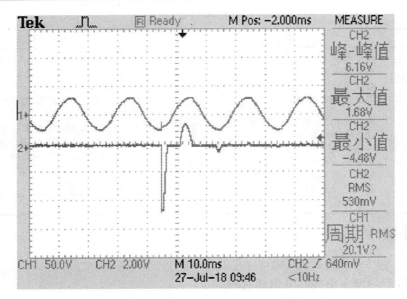

图 5-4　国际知名品牌 MUSCO 的 LED 灯峰值电流波形

5.3　LED 灯的谐波特性

　　LED 灯是发光二极管，需要直流供电，而直流电是由市电的交流电经整流、滤波等环节获得，如图 5-5～图 5-7 所示，如果处理不好谐波会超标，对系统产生污染。因此，LED 灯的谐波特性研究是其电气特性研究的重要内容，有助于把握 LED 灯的谐波特征。

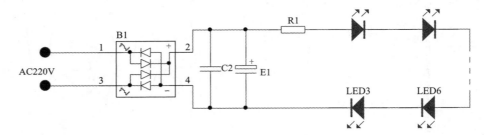

图 5-5　电阻限流 LED 驱动电路

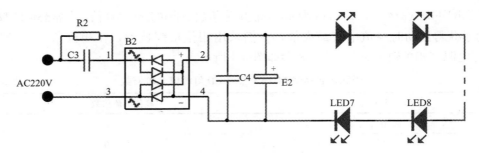

图 5-6　电容限流 LED 驱动电路

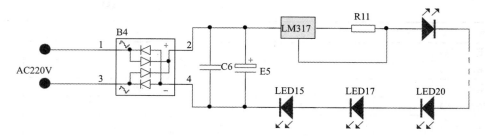

图 5-7　线性恒流 LED 驱动电路

图 5-5 是 LED 电阻限流驱动电路，其原理是通过整流及滤波电容将交流电压变为恒定的直流电压，利用电阻限流。其优点是电路极其简单，成本较低。其缺点是电流随电压变化而变化，电阻发热大，只适用于小功率 LED 驱动。

图 5-6 是 LED 电容限流驱动电路，通过阻容降压后，整流及滤波电容将交流电压变为恒定的直流电压。其优点是电路简单，成本较低，电容不发热。其缺点是电流随电压或频率变化而变化，只适用于小功率 LED 驱动。

图 5-7 是 LED 线性恒流驱动电路，通过整流及滤波电容将交流电压变为恒定的直流电压，稳压芯片搭建恒流电路。优点是电流相对恒定，效率较高。缺点是电路未隔离。

当然，LED 的驱动电路还有很多种，在此不一一列举。

5.3.1　第一次测试

第一次测试数据见表 5-6。

第一次 LED 灯谐波试验数据

表 5-6

编号	1	2	3	4	5	6	7	8
品牌	LS	WJ	SX	XN	TN	CP	CP	PL
标称功率（W）	600	1500	600	630	1300	500	760	960
U_{rms}（V）	218.62	217.3	218.66	218	227.3	226.9	226.8	227
A_{rms}（A）	2.9	7.6	2.8	3.1	5.86	2.26	3.46	4.298
THD_i（%）	0.9	0.8	11.9	25	13.9	8.4	9.1	4.6
有功功率（W）	610～620	1640	600～610	640～650	1308	497	763	960
功率因数 PF	0.98～0.99	1	0.97	0.96	0.984	0.982	0.97	0.995
3 次谐波（%）	2	1.9	9.3	15.9	11.9	7.8	8.1	0.3
5 次谐波（%）	1.3	1.4	5.1	6.5	5.3			1.1
7 次谐波（%）	2	1	4.1	4.6	4.4		2.2	1.8
9 次谐波（%）	0.3	0.7	2.1	4.4	1.9	1.8	1.2	1.7
11 次谐波（%）	0.5	0.8	0.8	2.7				1.1
13 次谐波（%）	1.3	0.4	2	2.5	1	3	2.6	2.2
15 次谐波（%）	1	0.1	1	2.2				1.1
17 次谐波（%）	1	0.8	0.2	2.9				0.9
19 次谐波（%）		0.3	0.5	1.7			1.4	0.7
21 次谐波（%）			0.6	2.2				

续表

编号	1	2	3	4	5	6	7	8
23 次谐波（%）			0.6	1.9				
25 次谐波（%）			0.7	1.6				
27 次谐波（%）			0.4	2				
29 次谐波（%）			0.4	1.6				
31 次谐波（%）			0.1	1.5				
33 次谐波（%）			0.3	1.4				
35 次谐波（%）				1.6				
37 次谐波（%）				1.3				
39 次谐波（%）							1.3	

表 5-6 是第一次测试的数据，从表中可得：

（1）总体上，这几款产品谐波控制的都不错，PF 均在 0.96 及以上；

（2）4 号产品的 THD_i 远高于其他产品，达 25%。经了解，试验时该产品用错驱动电源。说明驱动与灯的配合非常重要，轻者灯的性能打折扣，重者影响灯的寿命，甚至烧毁灯具。

（3）1 号和 2 号灯具 THD_i 明显偏小。用各次谐波进行计算，其计算结果明显大于 THD_i，需要进一步试验、研究。

（4）各次谐波中，除 8 号 PL 品牌外，大多数试品三次谐波占比最高，符合单相负荷谐波特征。其他次谐波各家差异较大。

5.3.2　第二次测试

针对上述问题，我们进行了第二次试验，试验数据见表 5-7。将两次试验相关数据进行比较，如图 5-8 所示。

第二次 LED 灯谐波试验数据　　　　　　　　　　　　　　　表 5-7

LED 灯厂家		WJ	LS	MC	SX	SN	
						第 1 次测试	第 2 次测试
THD_i（%）		3.5	4.6	5.9	11.6	25	8.7
基波	电流（A）	7.6	2.9	2.2	2.8	3.1	1.9
	占比（%）	100	100	100	100	100	100
3 次谐波	电流（A）	0.144	0.058	0.009	0.26	0.493	0.01
	占比（%）	1.9	2	0.4	9.3	15.9	0.5
5 次谐波	电流（A）	0.106	0.038	0.009	0.143	0.202	0.008
	占比（%）	1.4	1.3	0.4	5.1	6.5	0.4
7 次谐波	电流（A）	0.076	0.058	0.009	0.115	0.143	0.008
	占比（%）	1	2	0.4	4.1	4.6	0.4
9 次谐波	电流（A）	0.053	0.009	0.007	0.059	0.136	0.006
	占比（%）	0.7	0.3	0.3	2.1	4.4	0.3
11 次谐波	电流（A）	0.061	0.015	0.007	0.022	0.084	0.004
	占比（%）	0.8	0.5	0.3	0.8	2.7	0.2

续表

LED灯厂家		WJ	LS	MC	SX	SN	
						第1次测试	第2次测试
13 次谐波	电流（A）	0.03	0.038	0.007	0.056	0.078	0.4
	占比（%）	0.4	1.3	0.3	2	2.5	0.006
15 次谐波	电流（A）	0.008	0.03	0.002	0.028	0.068	0.002
	占比（%）	0.1	1	0.1	1	2.2	0.1
17 次谐波	电流（A）	0.061	0.03	0.004	0.006	0.09	0.004
	占比（%）	0.8	1	0.2	0.2	2.9	0.2
19 次谐波	电流（A）	0.023		0.004	0.014	0.053	0.004
	占比（%）	0.3		0.2	0.5	1.7	0.2
备注						用错电源	电源匹配

THD_i(%)

□ 第一次测试　　□ 第二次测试

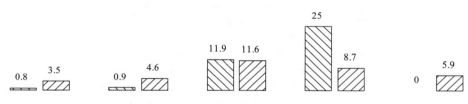

图 5-8　两次谐波特性试验数据对比

图 5-8 从左到右分别为 WJ、LS、SX、XN、MC 品牌。通过两次试验，可以得出如下结论：

（1）总体上，这 9 款国内外大品牌的 LED 产品谐波控制得都比较好，代表 LED 照明灯的现状水平，基本能满足工程需要。

（2）4 号产品第一次测试因用错电源，THD_i 远高于其他产品，达 25%；第二次测试用匹配的电源，THD_i 得到有效控制。说明驱动电源与 LED 灯的配合非常重要，轻者灯的性能打折扣，重者影响灯的寿命，甚至烧毁灯具。

（3）1 号和 2 号在第一次测试时，数据明显不对，原因不详；第二次测试正常。

（4）PF 均在 0.96 及以上。

（5）各次谐波中，除 8 号 PL 品牌外，大多数试品三次谐波占比最高，符合单相负荷谐波特征。

（6）25W 及以下功率的 LED 灯不在本次测试范围内。

5.4　LED 灯的电压特性

电压特性主要研究电源电压的变化对 LED 灯光输出的影响。因为照度与光通量成正比关系，所以本试验通过测量不同电压下的照度值来反映出电压与光通量的特性关系。表 5-8 和图 5-9 所示是 7 款 LED 灯在不同输入电压下的照度值。

不同输入电压下 LED 灯的照度值　　　　　　　　　　表 5-8

电压（V）		100	120	140	160	180	200	220	240	260	Max
照度值 （×100lx）	WJ	—	450	442	438	436	436	436	432	432	428
	LS	379	374	368	366	362	360	356	354	352	348
	MC	229	229	229	229	223	222	220	218	217	215
	PL	109	121	146	157	156	155	155	155	—	—
	SX	141	140	139	138	137	136	135	135	134	133
	TN	—	471	471	472	687	689	684	696	—	—
	XN	96	96	95	95	95	94	94	93	93	92

注：1. 测量时，照度计的位置、距离保持不变，各款灯采用同一个照度计进行测量。

2. 灯的最大光强对准照度计。

3. 表中"—"表示不能正常工作。

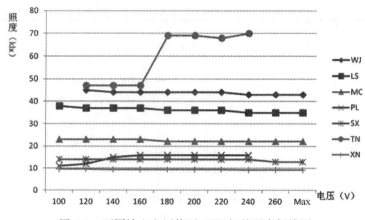

图 5-9　不同输入电压值下 LED 灯的照度折线图

从表 5-8 和图 5-9 可得：除 TN 外，其他品牌的 LED 灯在其有效电压范围内光输出相对稳定，变化很小。据了解，TN 产品尚未定型，测试效果不能令人满意。

注：本书中的有效电压范围系指在以额定电压为中心的一定电压范围内，LED 灯保持原有特性而没有突变，这个电压范围叫有效电压范围。

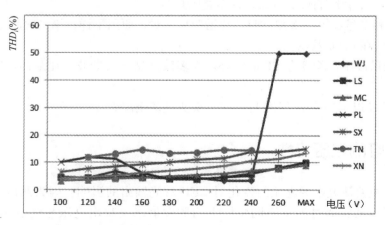

图 5-10　不同输入电压下 LED 灯的电流畸变率 THD_i 折线图

试验表明，在有效电压范围内，LED 灯光输出保持相对恒定，同时谐波总体处于较低水平（少数除外），参见表 5-9 和图 5-10。

不同输入电压下 LED 灯的电流畸变率 THD_i　　　　　　表 5-9

U(V)		100	120	140	160	180	200	220	240	260	Max
THD_i (%)	WJ	—	4.3	6.7	4.8	4.7	4.4	3.5	3.5	49.7	49.7
	LS	4.6	4.5	4.7	4.7	4.2	4.0	4.6	6.0	8.1	10.0
	MC	3.3	3.6	4.2	4.5	4.9	5.4	5.9	7.0	7.9	9.1
	PL	10.2	11.9	11.5	6.2	4.0	4.0	4.7	5.2	—	—
	SX	6.6	7.7	8.5	9.4	10.2	11.2	11.6	13.9	13.9	15
	TN	—	12.0	13.3	14.7	13.4	13.7	14.7	14.6	—	—
	XN	4.1	4.7	5.3	6.2	6.9	7.7	8.7	10.7	11.3	13.5

注：表中"—"表示不能正常工作。

综上所述，LED 灯的电压特性可以概况为以下几点：

（1）共有 7 款灯具参与测试，其中 5 号灯具（TN 品牌）在低电压范围内中间模块不亮，不满足需要，其他灯具均表现良好。

（2）所测试的灯具大多具有良好的电压特性，LED 灯的输入电压在较大范围内变化（多款可从 100～275V）能保持光输出基本不变，光输出变化率大多数低于 10%。在额定电压±10%范围内变化（即 190～242V），光输出的变化率小于 2.5%，远优于金卤灯。

（3）除个别极端状态下（输入电源在 260V 及以上）外，电压增加，谐波略有变化，所测产品的 THD_i 均在 15% 及以下。

试验还得出以下附带特性：

（4）各试品在有效电压范围内随着灯输入电压增加，灯电流变化不大，但呈现减小趋势。

（5）U-PF 特性方面，在有效电压范围内，PF 相对稳定，表现优秀，在 0.93 以上。

5.5 LED 灯的调光特性

本次试验研究只有 2 号、4 号和 9 号灯可以调光，它们的调光特性相似，下面以 9 号（MC 品牌）灯为例加以说明，相关测试数据参见表 5-10 和图 5-11。

不同光输出下 LED 灯的相关参数变化情况　　　　　　表 5-10

照度		电压（V）	THD_i（%）
百分数	照度值（×100lx）		
100%	184	220.3	6
91%	168	220.5	7.7
77%	141	220.8	8.5
68%	126	220.75	9.6

续表

照度		电压（V）	THD_i（%）
百分数	照度值（×100lx）		
55%	102	221	12.3
47%	86	220.8	14.9
38%	69	221	18.9
22%	41	221.1	30
9%	17	221.5	58

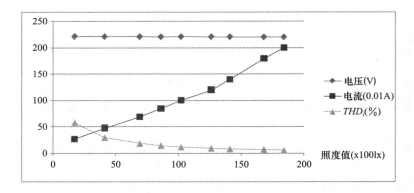

图 5-11　不同光输出下 LED 灯的相关参数变化情况

从表 5-10 和图 5-11 可知：

（1）调光的过程，LED 灯的端电压基本不变。

（2）灯光调暗的过程，电流近似线性减小。

（3）灯光调暗的过程，谐波呈现增加的趋势。光输出在额定值 40% 及以上时 THD_i 较小，约为 15% 以下。光输出在额定值 40% 以下时，THD_i 显著增加。

5.6　LED 灯的熄弧特性

熄弧特性源自于高强度气体放电灯（HID），但 LED 灯没有熄弧现象，不存在熄弧问题。但为了与 HID 进行比较，将 LED 灯看作有熄弧现象，仅此说明。

瞬时启动的 LED 灯不存在熄弧现象，从图 5-1 可以看出，瞬时启动的 LED 灯可以瞬时启动，启动时间一般不足 0.5s，到达峰值电流的时间为毫秒级，因此瞬时启动的 LED 灯具有良好的熄弧特性。

相比，延时启动的 LED 灯熄弧特性不佳，有 1～4s 的熄弧时间。

而金卤灯的熄弧特性存在不确定性。图 5-12 为某国际知名品牌 2000W 金卤灯的熄弧特性，当一个电源断电，另一个电源投入，电源切换时间为 3ms 时仍然存在金卤灯熄灭现象，因此，金卤灯只能采用在线式的 UPS 等措施才能保证电源转换过程中灯不熄灭。

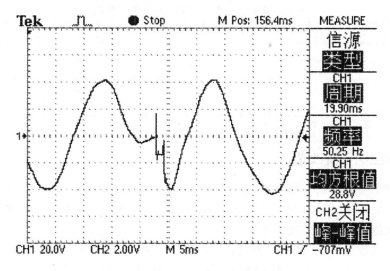

图 5-12   2000W 金卤灯的熄弧特性

5.7   LED 灯的节能特性

LED 灯节能效果比较明显，已经许多实际工程验证。下面用 LED 灯与金卤灯作对比，用实际工程数据说话，节能效果一目了然。

5.7.1   灯位不变，采用原系统

图 5-13 为北京奥体中心击剑馆照明改造项目，原系统为金卤灯，改造采用 LED 照明系统，灯位保持不变，原供配电系统基本不变，主要按原灯位换灯。改造前后相关参数列表于 5-11。

图 5-13   北京奥体中心击剑馆照明改造

改造后，照明总功率只有 14.4kW，不到原金卤灯系统的一半；平均照度提高了100lx，达到 850lx；照度功率比高达 0.0590lx/W，是原系统的 2.52 倍，也就是用 1W 的电功率可获得原系统 2.52 倍的光，节能效果显著，照度水平提高。

北京奥体中心击剑馆照明改造前后情况　　　　　　表 5-11

参数	单灯功率（W）	数量（套）	总功率（kW）	平均照度（lx）	照度功率比（lx/W）
改造前	400	80	32	750	0.0234
改造后	180	80	14.4	850	0.0590
结论	220	0	17.6	−100	−0.0356
			55.0%	−13.3%	−151.9%

注：照度功率比是单位电功率所得到的照度。

5.7.2　整体照明系统改造

本案例位于上海浦东一家全民健身的游泳馆，使用频率很高。详见本书第 3 章，该游泳馆的照明系统属于整体改造，由金卤灯系统改为 LED 照明系统。场地照明重新设计、重新建设，改造前后的相关技术参数见表 3-26。

改造后灯具数量由 62 套减少到 44 套，减少约 41%；照明总功率由 43.8kW 减少到 11.88kW，减少了近 73%；平均照度提高了 104lx；照度功率比是原金卤灯系统的 4.54 倍，提高了 78%。整体照明系统改造的节能效果优于原灯位换灯的效果。

5.7.3　小结

综上所述，在节能方面可以得出如下结论：

（1）LED 灯在节能方面明显优于金卤灯照明系统，至少可以减少一半的设备安装功率，供配电系统也可以得到简化。

（2）通过同一场馆金卤灯系统与 LED 系统对比，LED 照明系统采用整体、统一设计，系统安装功率可减少 70%~80%，节能优势明显。

（3）通过同一场馆金卤灯系统与 LED 系统对比，保留原照明配电系统，只在原灯位更换 LED 灯，系统安装功率可减少一半左右，节能效果也比较可观。

（4）其他光源的光效大多数不及金卤灯，因此上述结论同样适用于其他光源。

5.8　LED 灯的负荷性质

经过对 8 款 LED 灯实测，被测的 LED 灯均呈现感性特性，$COS\varphi$ 接近 1，见表 5-12。

被测 LED 灯实测的功率因数　　　　　　表 5-12

品牌	WJ	LS	CP3	PL	SX	TN	XN
产地	中国	中国	中国	欧洲	中国	欧洲	中国
有功功率（W）	1640	610~620	497	763	960	600~610	1308	640~650
功率因数	1.00	0.98~0.99	0.982	0.97	0.995	0.97	0.984	0.96

注：表中有的数据不是固定值，因为每款灯经多次测试，有些数据略有区别所致。

驱动电源对 LED 灯的负荷性质影响较大，因此，既要防止功率因数过低，又要防止容性负荷特征。

但是，在对其他 LED 灯测试时，又发现 LED 灯为容性特性，从波形图看，该灯具的电流超前电压，如图 5-14 所示。

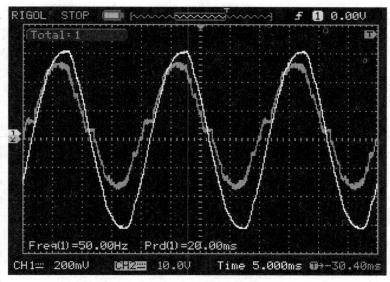

图 5-14 电流超前电压

5.9 LED 灯与其他光源的特性比较

现将 LED 与其他光源的特性、参数进行对比，便于理解和使用，详见表 5-13。

LED 与其他光源的特性、参数对比　　　　　　　　　表 5-13

特性类别	性能对比				
	LED	三基色荧光灯	白炽灯	卤钨灯	金卤灯
功率（W）	最大达 1650	28～32	10～1500	60～5000	35～3500
光效（lm/W）	商品化的最高超过 200	93～104	7.3～25	14～30	52～130
一般显色指数 Ra	60～99	80～98	95～99	95～99	65～90
相关色温（K）	全系列	全系列	2400～2900	2800～3300	3000/4500/5600 三档
频闪比	不严重	电子镇流器的不严重	无	无	较严重
电压特性	宽泛的电压范围，且光输出稳定	电压变化对光输出影响较大	电压变化对光输出影响较大	电压变化对光输出影响较大	电压变化对光输出影响很大
启动特性	＜0.5s	电子镇流器：≥0.4s	瞬时	瞬时	启动时间长，300～600s
冲击特性	十几倍甚至几十倍的峰值电流		冷态时约 10 倍	冷态时约 10 倍	冷态时，不足 2 倍，最大 2.5 倍
谐波特性	所测样本，LED 谐波较小	25W 以上较小	无	无	相对偏大
调光特性	非常容易实现调光、调色	配可调光镇流器	易调光	易调光	难度大，大容量不可调
调色特性		不可	不可	不可	不可
熄弧特性	无弧可熄	无	无	无	熄弧时间约 10～20min
节能	最节能	次节能	耗能大	耗能较大	次节能
平均寿命（h）	25000～50000	12000～15000	1000～2000	1500～2000	5000～10000

　　而体育照明是 LED 的高端应用，体育场馆的场地照明从金卤灯时代进入到 LED 时代，就两者的电气特性进行比较（表 5-14）可知，LED 灯占据绝对优势，可以认为 LED 场地照明系统具备替代金卤灯系统的技术条件。

金卤灯场地照明系统与 LED 场地照明系统在电气特性方面的比较　　表 5-14

特性类别	性能对比		评价	
	LED	金卤灯	LED	金卤灯
负荷性质	呈现高感性特征，无需无功补偿	感性负载，功率因数较低，需要无功补偿	★	
电压特性	比较宽泛的电压范围，且光输出稳定	电压变化对光输出影响很大	★	
启动特性、冲击特性	启动时间短	启动时间长	★	
	启动过程存在十几倍甚至几十倍的峰值电流	启动电流不足 2 倍		★
谐波特性	所测样本，LED 谐波较小	相对偏大	★	
调光特性	非常容易实现调光，可实现与观众互动，活跃赛场气氛	难度大，大容量不可调	★	
熄弧特性	无弧可熄，电源转换时间决定熄弧的时间	熄弧时间约 10～20min	★	
节能	同等照明效果，LED 系统小于 50％金卤灯容量		★	

　　注：★表示在该方面胜出。

第6章 照 明 控 制

6.1 照明控制技术的分析

6.1.1 常用照明控制系统比较

根据目前控制系统的现状，我们对 KNX、WIFI、DALI、电力载波、DMX512、2.4G 无线通信等几种主要的照明控制技术进行了分析和比较，见表 6-1。

常用照明控制系统分析比较 　　　　　　　　　　　表 6-1

控制技术	KNX	WIFI 802.11g	DALI	DMX512	电力载波	2.4G 无线通信技术
特点	（1）唯一全球性的住宅和楼宇控制标准；（2）独立于制造商和应用领域的系统；（3）控制总线，用于照明、空调、窗帘等终端设备控制	（1）更宽的带宽；（2）更强的射频信号；（3）功耗更低；（4）安全性更高；（5）移动性更好；（6）稳定性差、易受干扰	（1）用于照明系统控制，是数字可寻址照明接口；（2）实现对点的控制，优于对回路控制；（3）容量有限，每个DALI系统最多控制64个设备；（4）可与其他系统配合使用；（5）控制总线，不需要使用专用电缆	（1）DMX512采用 RS485 通信（属于电压信号）；（2）应用最广泛的数字调光协议；（3）"一主多从"的控制网络结构；（4）强大的调光功能；（5）采用屏蔽导体双绞线，支持双向传输	（1）不需要重新敷设线路，只要有电线，就能进行数据传递；（2）配电变压器对电力载波信号有阻隔作用；（3）电力载波信号只能在单相电力线上传输；（4）不同信号耦合方式对电力载波信号损失不同；（5）电力线存在本身固有的脉冲干扰；（6）电力线对载波信号造成高削减	（1）2.4G是全球性的频段，开发的产品具有全球通用性；（2）频宽大，允许系统共存；（3）可传递复杂的调光信息，双向通信；（4）尺寸小
传输速率	9.6kbits/s	54Mbit/s	1.2kbits/s	250kbit/s	10Mbit/s	11Mbit/s
控制难度	低	高	低	低	高	低
抗干扰性	强	差（受室内电磁环境影响大）	曼切斯编码的方式，基于兼容性的考虑，抗干扰能力强	信号基于差分电压进行传输，抗干扰能力强	低	采用先进的直序扩频技术，抗干扰性超强
可靠性	高	较低	高	高	一般	采用先进的直序扩频技术，工作可靠性极高
施工难度	低	低	低	高	低	小，安装施工方便，便于工程改造

续表

控制技术	KNX	WIFI 802.11g	DALI	DMX512	电力载波	2.4G 无线通信技术
成本	(1) 设备成本低；(2) 通信网络成本低	(1) 设备成本高；(2) 需组建 WLAN 通信网络	(1) 设备成本低；(2) 通信网络成本低	(1) 设备成本低；(2) 通信网络成本低	(1) 设备成本高；(2) 通信网络成本可忽略	(1) 设备成本高；(2) 通信网络成本可忽略
传输距离	1000m	100m，主从系统不超过 300m	300m	500m，一般 300m 以上加 DMX512 专用放大器	无限制	100m
调光	可连续无极调光	间接的调光	连续无极调光	调光性能优越，连续无极调光	有难度，可间接地调光	调光功能技术复杂，成本高
应用案例	国家游泳中心		英东游泳馆	北京奥林匹克网球中心钻石场地		

6.1.2　Zigbee 的技术要点

Zigbee 技术在十多年前已经在智能仪表、智能家居中应用，照明控制也经常在末端使用该技术，其技术特点见表 6-2。

Zigbee 的技术要点　　　　　　　　　　　　　　　　　　　　　表 6-2

要点	描述
定义	是一种近距离、低复杂度、低功耗、低速率、低成本的双向无线通信技术
特点	(1) 功耗低：发射功率仅为 1mW，而且采用了休眠模式； (2) 速率低：最高 250kbit/s（2.4GHz）、20kbit/s（868MHz）和 40kbit/s（915MHz）的传输速率； (3) 成本低：ZigBee 模块的成本仅个位数美元，其协议免专利费； (4) 安全可靠：基于循环冗余校验（CRC）的数据包完整性检查功能及碰撞避免策略，安全可靠。 (5) 网络容量大：一个区域内可以同时存在最多 100 个 ZigBee 网络，最多容纳 25400 个从设备和 100 个主设备； (6) 短时延：搜索设备延时 30ms，休眠激活的延时 15ms，活动设备信道接入的延时 15ms
工作频率	工作在 2.4GHz（全球）、868MHz（欧洲）和 915MHz（美国）3 个频段
Zigbee 联盟	Zigbee 联盟是一个非盈利组织，由国际著名半导体企业、技术研发单位、使用单位等组成
网络协议	Zigbee 标准的制定：IEEE802.15.4 的物理层、MAC 层及数据链路层，标准已在 2003 年 5 月发布。2009 年，Zigbee 采用了 IETF 的 IPv6 6Lowpan 标准
拓扑结构	星形网络结构
应用情况	物联网无线数据终端，应用于智能电网、智能建筑、智能家居等

6.1.3　LoRa 的技术要点

LoRa 技术更是新技术，问世十余年，是一种基于扩频技术的远距离无线传输技术，低功耗、多节点、低成本，大有后来居上之势。其技术特点见表 6-3。

LoRa 的技术要点　　　　　　　　　　　　　　　　　　　　　　　　　表 6-3

要点	描述
定义	一种基于扩频技术的远距离无线传输技术
特点	能实现远距离、低功耗、多节点、低成本的无线通信。单个网关或基站可以覆盖整个城市，覆盖范围广
工作频率	运行在 ISM 频段，包括 433MHz、868MHz、915MHz 等
与 LPWAN 的关系	是 LPWAN 通信技术中的一种，LPWAN=Low Power Wide Area Network，即低功耗广域网
LoRa 联盟	由美国 Semtech 公司牵头，是一个开放、非盈利的组织，已有 150 多家厂家参与
网络构成	终端、网关、Server 和云，实现数据双向传输
网络协议	LoRaWAN 是一个基于开源 MAC 层协议的低功耗广域网通信协议
拓扑结构	Mesh 网络拓扑结构，也有说成星形结构的
工作	(1) LoRa 网关汇总数据，连接终端设备和云端服务器； (2) 网关与服务器间采用 TCP/IP 连接； (3) 正常情况下，电池供电的节点处于休眠状态，当有数据要发送时，先唤醒，再数据发送
应用情况	已有 9 个国家建网，56 个国家试点

6.1.4　成熟、开放、可兼容的 KNX 系统

　　表 6-1 中的 KNX 智能照明控制系统是成熟、开放、可兼容的系统。图 6-1 是 2008 北京奥运会重要遗产、标志性建筑、举世闻名的国家体育场——鸟巢和国家游泳中心——水立方，这两栋建筑物采用了 KNX 的智能照明控制系统控制场地照明、立面照明（鸟巢）和室内照明（鸟巢），尤其场地照明对可靠性要求极高，该系统经受了奥运会、世界田径锦标赛、多次世界级游泳和跳水比赛等重大赛事的考验，可靠性、稳定性俱佳。

图 6-1　鸟巢、水立方采用了 KNX 的智能照明控制系统

　　KNX 是 ISO/IEC 14543 国际标准，是以 EIB 为基础，吸取 BatiBus、EHSA、EHSA 等技术优点，构成现场级的开放、兼容和独立的技术平台，尤其 KNX 可以做到无缝兼容，为用户带来实实在在的好处。目前全球有 400 多厂家生产基于 KNX 技术的产品，包括西门子、ABB、施耐德等国际知名大公司，每个厂家的产品都可以在同一个 KNX 系统中无缝兼容。

　　KNX 可以当作智能照明控制系统使用，但它是一种楼宇自动化的控制系统，应用范围不仅是照明控制，还可以控制电动窗帘、风机盘管、排风机等。2007 年 7 月 IEC 标准正式转换为国家标准《控制网络 HBES 技术规范　住宅和楼宇控制系统》（GB/Z 20965—2007），6 年后该标准升级为 GB/T 20965—2013。主要技术特点参见表 6-4。

KNX 的主要技术特点	表 6-4

控制技术	KNX
特点	(1) 唯一全球性的住宅和楼宇控制标准；(2) 独立于制造商和应用领域的系统；(3) 控制总线，用于照明、空调、窗帘等终端设备控制
传输速率	9.6kbits/s
控制难度	低
抗干扰性	强
可靠性	高
施工难度	低
成本	(1) 设备成本低；(2) 通信网络成本低
传输距离	1000m
调光	可连续无极调光

现在，全球有 16 家 KNX 实验室，测试、认证全球的 KNX 各种产品，KNX 实验室具有独立性，测试、认证的结果由 KNX 总部认可方可签发。值得高兴的是，全球 16 家 KNX 实验室中，我国有两家，凸显我国经济发展水平和该技术的应用水平。

由此可见，KNX 不仅可以作为智能照明控制系统使用，也是楼宇自控系统，还可以是酒店客房控制系统、智能家居等细分专项的控制系统（图 6-2）。

图 6-2　KNX 应用于酒店

6.1.5　以太网控制系统

另外在研究和测试的过程中，我们还了解到有的厂家采用了以太网协议的控制系统，该系统的核心是每个灯具配备一块智能微控电板 MCU，可采用局域网的形式连接成一个网络系统，从而实现对每盏灯具的监测和控制。该照明控制系统具有结构简单、系统稳定、兼容性好、可实时监测灯具、传输速率高、距离远、操作及维护简单等特点，除具备常规照明系统的功能外，还具有很多其他控制系统所无法实现的功能：

（1）采用 Ethernet 以太网协议，系统覆盖范围广，能支持超远距离组网。

（2）每盏灯具具备独立的 IP 地址，系统连接 Internet 后，可以支持 Internet 远程管理、控制。

（3）控制系统是闭环控制，不仅能对灯具进行控制，而且灯具的实际运行状态、参数也会反馈到监控电脑上，便于管理人员对整个照明系统的监控。

（4）可实现无线控制，结合无线路由器，通过 WIFI 信号，可实现照明系统的无线控制。

（5）照明系统具有强大的扩展功能。照明控制系统可以与音乐、视频监控系统等实现联动，实现真正的智能照明控制。

（6）采用工业级的交换机，能够应用于－40～60℃的场所，适用于各种低温或高温的应用场所，适应性强。

照明控制还有很多新技术，例如 NB-loT、蓝牙、5G、POE、直流供电与控制等，这是技术更新很快的时代，新技术不断涌现，百花齐放。

6.2 高可靠性 LED 照明控制技术

从应用角度出发，有些场所的照明控制对可靠性要求很高，例如举行奥运会等高等级比赛场地的场地照明控制，又如人民大会堂等国家级会堂的照明控制等。这些场所如果照明控制误动作、拒动作、乱动作都会造成不可估量的损失和影响，因此，照明控制系统首先需保证可靠性与稳定性，在此基础上可实现便利的控制，为照明场景和模式的快速切换和调试提供便利。

从表 6-1～表 6-4 可以看出，各种照明控制技术各有特点。综合考虑各方面因素，认为 KNX、DALI、DMX512 这三种控制系统实际应用案例较多、可靠性高、技术成熟，适合在高可靠性场所或项目上使用。

6.2.1 设置要求

照明控制系统开关型驱动模块的额定电流不应小于其回路的计算电流，额定电压应与所在回路的额定电压相一致。灯具控制系统驱动模块的过载特性应与 LED 灯具的启动特性相匹配。高可靠性场所或项目还要考虑驱动模块的安装位置，由于照明控制箱嵌入式安装在墙体或安装在马道（体育场馆、大会堂等都会用到）上，夏季温度高，驱动模块安装在控制箱内，散热条件很差，因此其降容系数不宜大于 0.8。同时，安装在控制箱内的开关型驱动模块、调光型驱动模块、各种控制器等设备也必须满足高温环境下可正常工作的要求。

关于驱动模块、控制模块在各种温度条件下的降容情况，我们进行了专项试验研究。以 DMX512 系统为研究对象，选择一个 12 路 16A 继电器模块和一个表演控制器进行满载情况下的测试，环境温度分别为－40℃、65℃。根据测试情况，参加测试的继电器模块在各测试温度下均可正常工作，老化 8h 后也可正常运行，无任何异常；控制器也可实现搜索设备、读取设备版本及正常控制 LED 灯开关。测试结果说明所测试的 DMX512 系统设备可满足在极端高低温环境下正常工作的要求。考虑到现场实际条件及设备与测试条件及设备会存在差异，从保证可靠性的角度考虑，因此建议还是要选择一定的降容系数。

6.2.2 照明控制系统应具有的功能

（1）预设置照明模式功能，且不因停电而丢失。

考虑多种照明控制模式的转换，便于操作，减少失误，需要照明模式预设置功能。尤其高等级体育场馆的场地照明控制，一般有多种项目的转换，如田径与足球的转换，篮球、排球、体操、羽毛球、乒乓球等转换，游泳、跳水的转换等，因此，需要把所有灯具按比赛类型预设控制模式，每种比赛又包括健身和业余训练、业余比赛和专业训练、专业比赛、TV 转播国家和国际比赛、TV 转播重大国家和重大国际比赛、HDTV 转播重大国家和重大国际比赛等多种控制模式，另外还有清扫模式，预置这些控制模式使得操作简单、可靠。

（2）系统应具有软启、软停功能，启停时间可调。

控制系统的软启、软停功能可以有效降低启动时的冲击电流，有利于系统的稳定运行。

（3）系统除具有自动控制外，还应具有手动控制功能；当手动控制采用智能控制面板时，应具有"锁定"功能，或采取其他防误操作措施。

"锁定"是防止误操作的有效措施，并经过 2008 年北京奥运会验证。

（4）系统应具有回路电流监测、过载报警、漏电报警等功能，并宜具有监测灯的状态、灯累计使用时间、灯预期寿命等功能。

漏电报警功能经常被忽略，尤其照明灯具安装在较高的马道上，很少有人光临。该功能可以提醒工作人员及时排除原因，防止电击、电气火灾等事故的发生。

（5）系统应有分组延时开/关灯、调光功能。

（6）系统故障时自动锁定故障前的工作状态。

（7）具备调光功能，可通过控制台或系统主机、PAD 等进行操作，实现场景变换，与观众互动。

6.2.3　其他要求

（1）规模较大的照明控制系统应设显示屏，以图形形式显示当前灯状况，系统应具有中文人机交互界面。

（2）照明控制系统应采用开放式通信协议，可与建筑设备管理系统、比赛设备管理系统通信。

6.3　高可靠性场所照明控制系统建议方案

下面对 2022 年北京冬季奥运会主要场馆之一水立方的场地照明控制系统的建议方案进行说明，并与读者分享。

6.3.1　方案一：KNX＋DMX 控制

该方案是原场地照明控制系统的升级方案，即在原 KNX 控制系统基础上增加新的 DMX 模块控制系统，同时增加系统冗余备份。

由于 KNX 系统无法直接控制 DMX 信号的灯具，也无相应的控制模块，只能对灯具进行电源或调光控制。而且场馆的原 KNX 系统在 2007 年就投入使用，至今已经使用 10 多年，经过多年使用，系统老化在所难免，故障率逐渐增加。因此将原有的 KNX 系统用于灯具的电源控制，再增加 KNX/DMX512 模块用于灯具的 DMX 信号控制。

这种方式的优点在于节省电源控制的投资，具有较好的经济性，能满足场地照明的要求。另外，KNX 符合 IEC 和我国标准，系统兼容性非常好，全球有 400 多家厂商提高各种符合 KNX 标准的产品，全球 16 家 KNX 试验室我国有两家，便于产品的测试、认证。缺点则是由于其为两个独立系统，无法完全互相控制，因信号不同，无法在需要时通过 DMX 控制台（调光台）对比赛灯具进行直接联动控制。

KNX/DMX 网关模块支持双向控制，广泛应用于具有 DMX 信号接口的灯具或设备（图 6-3）。

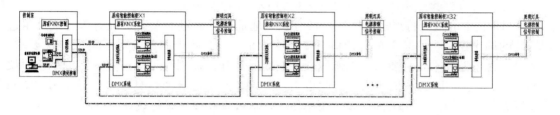

图 6-3　KNX/DMX 模块控制系统原理图

1. 地址结构分析

KNX 协议为总线拓扑结构，每条线最多可接 64 个 KNX 设备，当总线元件超过 64 个或需要选择不同的结构时，则最多可以有 15 条支线通过线路耦合器组合成一条主线，所述结构称为域。总线可以按照主干线的方式扩展，总线上可以连接多达 15 个域，整个系统可以连接 14400 个 KNX 设备，物理地址均必须唯一。

KNX 是一个基于事件控制的分布式总线系统。系统采用串行数据通信进行控制、监测和状态报告。所有总线装置均通过共享的串行传输连接相互交换信息。数据传输按照总线协议所确定的规则进行。

2. 信号波特率分析

KNX 采用电源载波方式，系统电源内置 CHOKE，可以允许数据加载在上面；波特率一般为 9.6kbps。

3. 通信方式分析

KNX 技术的通信模型采用 5 层结构：物理层、数据链路层、网络层、传输层和应用层。KNX 总线设备是通过报文传输信息。KNX 技术应用 CSMA/CA（载波侦听多路访问/冲突避免）和报文优先级来控制介质访问。系统采用单元地址化结构设计。

4. 灯具调光方式分析

驱动器负责接收系统传送的总线信号并执行相应的操作，如开闭和调节灯光的亮度，不能做更复杂的动态操作。

5. 系统冗余分析

（1）信号传输系统的冗余

方案一使用网线环网结构，A、B 环网是互为备份的主网，网络带宽为 100Mbyte，负责传输主控制信号，当 A 环网都失效时，B 环网保证系统正常运行。反之亦然。

（2）控制系统设备的冗余

在每个配电箱内设置有 2 个 DMX 控制模块和 1 个信号比较器，控制模块同时接收控制室发出的命令，2 个控制模块同时输出信号经比较器到灯具，形成互相备份的系统，当其中一个控制模块失效时，另一个控制模块保证系统正常运行，缺点是只有单一的控制模式，无法做到多控制的冗余。

（3）系统供电的冗余

控制系统使用 UPS 电源供电，保证断电时系统可正常工作。

6.3.2　方案二：DALI 控制

该方案为将整套照明控制系统全部更换为 DALI 控制系统。

DALI 技术的最大特点是单个灯具具有独立地址，可通过 DALI 系统对单灯或灯组进行精确的调光控制。安装 DALI 接口有 2 条主电源线，2 条控制线，对线材无特殊要求，安装时也无极性要求，只要求主电源线与控制线隔离开，控制线无需屏蔽。因 DALI 协议和 DMX 是完全不同的系统架构，因此也无法控制 DMX 信号的灯具，在联动 DMX 控制台（调光台）时也没有相关的接口，更不便于开场或在需要效果灯表演时的控制需要。

DALI 模块内置 DALI 电源，具有单条 DALI 总线，最多支持 64 个 DALI 灯光设备，支持 KNX 标准调光曲线和 DALI 标准调光曲线（图 6-4）。

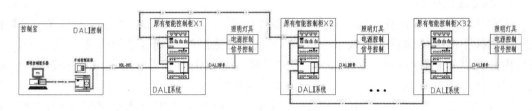

图 6-4　DLAI 控制系统原理图

1. 地址结构分析

DALI 协议地址结构为 64 灯具地址（16 个组地址），地址结构简单，只能做静态效果。

2. 信号波特率分析

DALI 协议不用发送扫描信号调整灯具亮度，波特率较低为 1.2kbps。

3. 通信方式分析

DALI 协议属于双向通信方式，曼彻斯特编码传输方式，分前向帧和返回帧，不同帧数据位数不相同，需要采用普通单片机模拟通信。DALI 协议复杂，共有 200 多条协议，不同的灯具还具有特殊功能的扩展协议。

4. 灯具调光方式分析

DALI 协议都属于主机仅仅发送一个启动短命令包，由灯具自行主动控制 PWM 调光。

5. 系统冗余分析

由于 DALI 系统无法直接输出 DMX 信号，没有做冗余的意义，因此无法设置系统冗余方案。

6.3.3　方案三：DMX512 控制

方案三为整套照明控制系统更新为 DMX 网络控制系统，同时增加系统冗余备份。

DMX 是 DigitalMultipleX 的缩写，意为多路数字传输。DMX512 控制协议是美国舞台灯光协会（USITT）于 1990 年发布的灯光控制器与灯具设备进行数据传输的工业标准，全称是 USITT DMX512（1990），包括电气特性、数据协议、数据格式等方面的内容。

　　控制系统是灯光系统的中枢，作为照明系统的指挥中心，其可靠和稳定性将直接影响着整个照明效果和质量。体育场馆是一种比较特殊的场所，它的使用功能要求比较多，但很少配置专业的操作人员，因此，控制系统的操作性是否简单与直接变成了一个很重要的因素。为了让控制系统能够完成复杂的功能，考虑为水立项项目设置智能照明控制系统与演出控制信号传输系统，该系统与舞台灯光控制网络联通，通过智能面板直接调用预置好的场景，用于比赛照明或日常照明等，简单方便的操作，无需专业操作人员，充分解放劳动力。当需要演出时可以直接使用控制台对灯光系统进行控制。也可以当一个备用系统，当智能照明控制系统发生故障时，可以紧急启用。

　　控制室内，灯光控制台与灯具之间通过光纤 DMX 信号进行联结，形成控制室与灯具设备之间的主网络，传输 DMX 控制信号，实现一个整体灯光控制系统。以保证主控制信号的接收万无一失，在马道上配置有 DMX 信号接口，方便在演出时增加的灯具使用本信号网络，大大方便使用的同时也减少投资。

　　系统主干线传输采用光纤或网线为介质，方便将来的系统扩展，无需再重新敷设信号线路（图 6-5）。

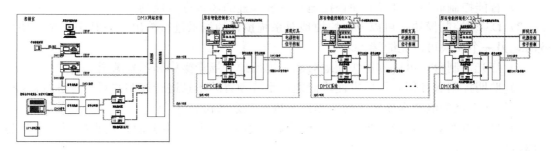

图 6-5　DMX 控制系统原理图

1. 地址结构分析

　　DMX512 协议的地址结构为 512 通道，每一个 DMX 控制字节叫作一个指令帧，称作一个控制通道，可以控制灯光设备的一个或几个功能。一个 DMX 指令帧由 1 个开始位、8 个数据位和 2 个结束位共 ll 位构成，采用单向异步串行传输。

2. 信号波特率分析

　　DMX 512 传输速率固定为 250kbps，每个数据位的时间是 $4\mu s$，每个字节是十一位，就是 $44\mu s$，因此 512 个字节的数据传输时间为 $44 \times 512 = 22.528ms$，效率高可靠性好。

3. 通信方式分析

　　数据传输采用异步串行格式。DMX512 字段应被顺序传输，以第 0 字段开始，以需传输的最后字段结束，最多可传输 512 个字段（最大共 513 字段）。第一个字段传送前，应发送复位序列：复位信号、复位后标记和起始码。在零起始码之后有效的 DMX512 数据字段值应为十进制 0～255。

　　数据每发送一个信息包，可以对全部 512 个受控通道形成一次全面的控制。发送一个信息包的时间大约是 23ms，每秒钟将对所有 512 个受控通道完成 44 次控制，即受控光路的刷新频率 44Hz，如果实际受控通道少于 512 个，那么刷新频率将相应提高。

4. 灯具控制方式分析

每一条 DMX 信号线可以同时传送 512 个独立的 DMX 输出位，每一个输出位有一个唯一的地址号码。在设定的过程，灯具被赋予一个起始地址和一连串的地址，而每个地址对应这个灯具的一项功能。当 DMX 信号从 0 开始增大时每个功能将很均衡的改变。

5. 系统冗余分析

（1）信号传输系统的冗余

由于水立方的重要性及特殊性，网络安全则成为重中之重，因此使用光纤环网结构，A、B 环网是互为备份的主网，网络带宽为 1000Mbyte，负责传输主控制信号，当 A 环网都失效时，B 环网保证系统正常运行。反之亦然。

灯光网络控制系统采用以光纤作主干道进行远距离网络传输，整个控制系统严格遵循 TCP/IP 通信协议及 USITT DMX512/1990，并符合 ART-NET 协议。

光纤网络传输具有频带宽、通信容量大、损耗低、不受电磁干扰、线径细、重量轻的特点。

（2）控制系统设备的冗余

在控制室内使用多控制多备份系统，包括：

1）智能控制面板：可以方便快捷地对系统预置的场景进行控制。

2）DMX 控制模块：可以方便快捷地对系统预置的场景进行输出，当其中一个模块失效时，另一个模块可以无缝接入。

3）灯光控制台：可以方便快捷地对系统进行预置场景操作和场景编辑。

4）照明控制服务器：可以方便快捷地对系统预置的场景进行控制并对系统进行监控。二级或三级配电箱内使用多种控制设备进行冗余备份。

5）灯具电源双重备份：当电源控制模块失效时，可以使用手动方式直接对灯具进行旁路供电。

6）控制系统的双重备份：在信号链路上采用双解码的方式，设备同时进行工作，当其中一个设备出现问题时，另一个可以无缝接入，保证照明系统正常运行。

（3）系统供电的冗余

控制系统使用 UPS 电源供电，保证断电时系统可正常工作。

6.3.4　三个方案的比较

上述方案的分析比较可概括为表 6-5。

水立方照明控制系统方案分析比较　　　　　　　　　　表 6-5

序号	系统功能	KNX/DMX 控制系统 （方案一）	DALI 控制系统 （方案二）	DMX 网络控制系统 （方案三）
1	布线方式	手拉手	手拉手	手拉手
2	信号传输介质	网线	电源＋信号线	光纤
3	网络结构	百兆环网	总线	千兆环网
4	控制协议	KNX、AirNet 协议， DMX 协议	DALI 协议	AirNet 协议， DMX 协议

序号	系统功能	KNX/DMX 控制系统 （方案一）	DALI 控制系统 （方案二）	DMX 网络控制系统 （方案三）
5	信号传输速率（bps）	KNX：9.6k，DMX：250k	1.2k	250k
6	网络控制	是	否	是
7	信号传输可靠性	高	高	高
8	网络系统备份	是	否	是
9	设备互为冗余	是	否	是
10	经济性能	经济投入较少，节省电源控制的投资，缺点则是由于其为两个独立系统，无法互相控制，同时因信号不同，无法在需要时通过DMX控制台（调光台）对比赛灯具进行直接联动控制	经济投入大，需要全部重新更换，因DALI协议和DMX是完全不同的系统架构，因此也无法控制DMX信号的灯具，在联动DMX控制台（调光台）时也没有相关的接口，更不便于开场或在需要效果灯表演时的控制需要	经济投入大，需要重新全部更换系统设备，但此方案为多重冗余备份系统，系统稳定性高、安全，可以满足不同的使用要求，同时也有较大的扩展空间
11	舞台效果	具有一般性的调光功能，达不到舞台灯光效果		具有舞台灯光效果，并能与音乐联动，达到灯光秀级别的控制。可实现与观众互动，活跃赛场气氛

6.3.5 结论

由于水立方对场地照明的安全和可靠性要求高，功能需求复杂，需要确保控制系统的可靠性和稳定性为前提实现便利、灵活的控制。通过分析研究，结合目前项目的需要及将来使用扩展情况，我们认为方案三适合水立方项目需要的高可靠性 LED 场地照明控制技术，可将比赛照明及演出效果照明同时纳入智能控制系统内，减少重复投资及将来的系统扩容，并保证照明控制系统在高大空间情况下的可靠性与稳定性，为照明场景和模式的快速切换、调试、维护提供便利。方案三还可增加互动装置，通过声感、光感、触感、遥感等多种形式，让现场观众在适当时间参与到灯光的控制中，产生亮度、颜色变化或频闪效果等，以达到活跃现场气氛的效果。

后期具体落实 LED 场地照明控制系统的方案时，需要对冬夏两类体育比赛项目的照明设计和运行模式进行详细分析，在赛时照明设计的基础上结合赛后节能运行的要求，制定全年的照明运行方案和节能控制策略，并结合赛时赛后场地的多种照明场景和模式的需求，提供灵活可调的控制方式，用于 LED 场地照明改造工程的实施。

6.4 照明控制系统注意事项

在灯光秀类表演中，灯光梦幻般的变换，灯光的明暗变化是主要变换形式之一。表面上是灯光的明暗变化，但其背后的灯工作电流、谐波、浪涌等的变化是用肉眼看不见的，它们对系统的影响又是很大，需要引起重视。如图 6-6 所示，国家奥体中心体育场的场地照明采用 Musco 的 LED 照明系统，可以实现灯光顺序接力明暗变化、同步明暗变化、成组明暗变化、频闪等多种变化，也可以与音乐同步变化，活跃场上气氛，运动员与观众互动。

图 6-6　国家奥体中心体育场

6.4.1　调光特性

调光是将灯光进行明暗调节的过程。调光可以是无极调光，也可以是有极调光。利用 LED 灯的调光特性可以获得上述效果。图 6-7（a）是 LED 灯的调光特性，灯电流与光通量近似于线性关系，灯电流越大，光通量也越大，灯越亮；反之灯越暗。即使调光调到光通量为 0，也不是关灯，因为电源处于接通状态。

6.4.2　开灯特性

开灯特性如图 6-7（b）所示，在 t 时刻给 LED 灯通电，LED 灯在很短的时间达到额定光通量。开关灯同样可以实现上述效果，只是调光的效果会更好。由图 6-7 可知，两者的特性差别巨大，内涵也不同。

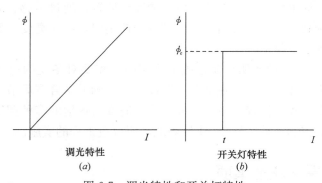

图 6-7　调光特性和开关灯特性

6.4.3　特性背后的变化

LED 的调光过程，伴随着谐波的变化。试验表明，LED 最亮时电流谐波 THD_i 约为

12%，亮度最小时电流谐波 THD_i 约为 58%。此结论与本书第 5.5 节的结论一致（图 6-8）。

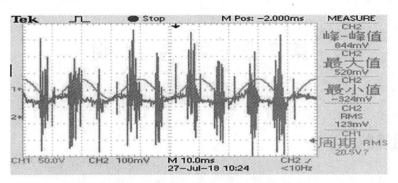

图 6-8　调光过程的谐波变化

　　而同一款灯在开灯时，存在较大的冲击电流，详见本书第 5.2 节的试验，启动时的峰值电流倍数最大值达近 31 倍，即峰值电流接近额定电流的 31 倍。这是非常恐怖的数据，普通 C 曲线脱扣器的微型断路器难以满足要求，开灯存在断路器分断的可能，导致不能正常工作。波形图参见本书图 5-4。

6.4.4　结论

　　分析 LED 灯的调光特性和开灯特性，目的是为了在实际工程中避免问题、故障的出现，更好地为工程提供良好、可靠的控制措施。

　　LED 控制可以产生良好的照明效果，同时带来了新的问题：

1. 调光

　　调暗的过程也是谐波增加的过程，对其他系统会产生干扰，增加额外的能耗，绝缘老化加快。

2. 开关灯

　　普遍存在 LED 灯启动时存在大的电流冲击，对配电系统的保护电器产生很大的影响，增大误动作的概率，影响系统正常使用。

第7章 绿 色 照 明

7.1 照明节能

近年来，虽然艰辛，但成绩斐然。盘点在建筑照明节能方面的得失，有助于从业人员认清形势，把握机会，为新的未来找到发展方向。笔者将建筑照明节能的技术与大家交流。虽不全面，但希望对大家有所帮助。

7.1.1 *FTP* 和 *FTY* 概念

1. 概述

LED 技术推动了照明行业的革命性发展，接近颠覆传统照明理论。毋庸置疑，LED 与传统光源相比最大的特点是节能环保、寿命长、可控性强、易于调光、色彩丰富等。随着 LED 技术的快速发展，其质量稳步提升，发光效率显著提高。《LED 室内照明应用技术要求》（GB/T 31831—2015）给出了 LED 灯的发光效能定义，即在规定的使用条件下，LED 灯具发出的总光通量与其所输入的功率之比，单位为 lm/W，光源的发光效率简称光源的光效。《建筑照明设计标准》（GB 50034—2013）也有类似的定义，光源的发光效能表明光源由电能转化为光能的效率，这是非常重要的光源指标。

但是，工程实践中经常发现，同样为 LED 灯，不同厂家甚至同一个厂家不同型号的 LED 灯有着不同的寿命、不同的光通维持率，有的 LED 灯寿命为 10000h，有的寿命高达 50000h。对于消费者来说，花同样的钱购买更多光通量、更长使用时间的 LED 灯是最合适不过的。因此，光源的发光效能不能完全反映光源的综合能效和经济性。

笔者探索性地提出了 LED 灯的经济效能指标 *FTY*（lm·h/元）和综合能效指标 *FTP*（lm·h/W），这两个概念充分考虑了光衰、光效、寿命等因素，经与传统光源进行比较分析，从中能够得出不同光源的能源转换效率和经济效能，便于读者合理选择适宜的光源。

2. 综合能效指标 *FTP*

（1）综合能效的定义

在规定的使用条件下，LED 灯的光衰曲线与使用时间围合的面积除以其所输入的功率，单位为 lm·h/W，用 *FTP*（luminous Flux Time per Power）表示。

图 7-1 为光源的光衰曲线示意图，图中阴影部分为光通量与时间围合的面积。对于能源转换而言，用 1W 的电能所产生的光通量与时间围合的面积越大越好，*FTP* 越大表明 LED 灯的能效越高。

光源的综合能效可用公式（7-1）计算：

$$FTP = \frac{\int_0^T \phi(t)\,dt}{P} \qquad (7\text{-}1)$$

式中 $\phi(t)$——光源的光衰曲线;

T——光源的寿命,即标准测试条件下,LED光源或灯具保持正常燃点,且光通维持率衰减到70%时的累计燃点时间(h);

P——光源的额定功率,包括附件的功率(W)。

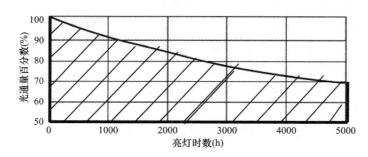

图7-1 光源的光衰曲线

(2)光源参数的对比

以下就白炽灯、节能灯、LED灯的综合能效指标 FTP 进行量化分析,表7-1中数据来自京东2016年4月24日网站报价(现在价格更加便宜,性能有所提高),因此,具有时效性和现实意义。从表7-1中可以看出,5W的LED球泡光通量已经接近40W的白炽灯。

LED灯、白炽灯、节能灯性能参数 表7-1

品牌	飞利浦		
型号	LED小球泡	白炽灯40W	螺口E27
光源类型	LED球泡灯	白炽灯	节能灯
功率(W)	5	40	18
输入电压(V)	220	220	220
光通量(lm)	300	340	1170
显色指数	75	100	81
色温(K)	3000	3000	2700、4300、6400
灯头规格	E27	E27	E27
灯光颜色	暖白、正白、彩色、白	暖白	日光、中性、暖白
备注	5颗LED	玻壳外径66mm	长120mm,ϕ9
价格(元)	9	5	27
光通量/价格(lm/元)	33	68	43.3

(3)白炽灯 FTP 的计算

下面就上述3种光源的 FTP 进行分析、比较。图7-2为 KingdomSun 公司官方网站公布的白炽灯光衰曲线,见图中中间曲线。

由图7-2得,白炽灯的阴影部分面积,光通量×寿命＝4.39×10^5(T 积分面积)－3.57×10^5($T<70\%$部分面积)＝8.2×10^4($T\geqslant70\%$部分面积)lm·h,额定功率 $P=40$W,代入式(7-1)得白炽灯的 FTP:

$$FTP = \frac{8.2 \times 10^4}{40} = 2.05 \times 10^3 \, \text{lm} \cdot \text{h/W}$$

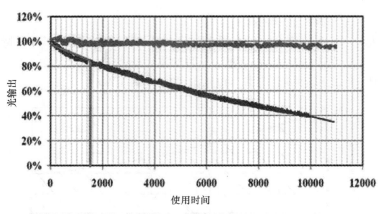

图 7-2　白炽灯光衰曲线

（4）节能灯 FTP 的计算

图 7-3 中的数据来自利沃照明科技官方网站，可以直观看出不同光源的光衰曲线。

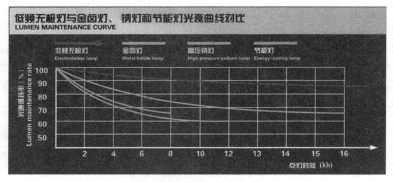

图 7-3　节能灯光衰曲线

由图 7-3 得节能灯的阴影部分面积，光通量×寿命＝5.59×10⁶（T 积分面积）－4.91×10⁶（T＜70％部分面积）＝6.8×10⁵（T≥70％部分面积）lm·h，额定功率 P＝18W，代入式（7-1）得节能灯的 FTP：

$$FTP = \frac{6.8 \times 10^5}{18} = 3.78 \times 10^4 \, \text{lm} \cdot \text{h/W}$$

（5）LED 灯 FTP 的计算

图 7-4 为 HangKe Optoeletronics Technolog Dept 提供的 LED 灯光衰曲线。

由图 7-4 得 LED 灯的阴影部分面积，光通量×寿命＝8.82×10⁵（T 积分面积）－6.3×10⁵（T＜70％部分面积）＝2.52×10⁵（T≥70％部分面积）lm·h，额定功率 P＝5W，代入式（7-1）得 LED 灯的 FTP：

$$FTP = \frac{2.52 \times 10^5}{5} = 5.04 \times 10^4 \, \text{lm} \cdot \text{h/W}$$

（6）小结

综合上述 3 种光源的计算，LED 在综合能效 FTP 方面优势明显，LED 的 FTP 是白炽灯的近 25 倍，是节能灯的约 1.33 倍。同时可以看出，FTP 作为量化光源综合能效具有简洁、直观、实用性强等特点。

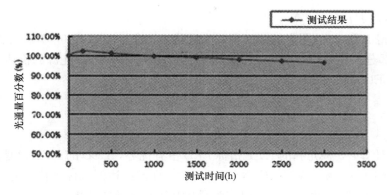

图 7-4　LED 灯光衰曲线

3. 经济效能指标 FTY

（1）经济效能的定义

与 FTP 相类似，先定义 LED 的经济效能指标。

在规定的使用条件下，LED 灯的光衰曲线与使用时间围合的面积除以购买该灯的价钱，（单位为 lm·h/元），用 FTY（luminous Flux Time per Yuan）表示。

显然 FTY 具有明显的经济性特征，用 LED 的经济效能术语名副其实。与 FTP 相比，FTY 反映的是消费者花 1 元可以买到多少的光通量及能使用多长时间，也就是光通量与时间围合的面积。显而易见，FTY 值越大经济性越好，FTY 可以用公式（7-2）计算。

$$FTY = \frac{\int_0^T \phi(t)\mathrm{d}(t)}{Yuan} \tag{7-2}$$

式中　$\phi(t)$——光源的光衰曲线；

　　　T——光源的寿命，详见"2. 综合能效指标"部分说明（h）；

　　　$Yuan$——光源的价钱（元），对于国际市场，价钱需按约定的汇率折算成同一货币单位。

标准中，T 一般取光衰到 70% 时候的值。同样，以下就白炽灯、节能灯、LED 灯的 FTY 进行量化分析。

（2）白炽灯 FTY 的计算

由图 7-2 得白炽灯的阴影部分面积，光通量×寿命＝$4.39×10^5$（T 积分面积）－$3.57×10^5$（T＜70% 部分面积）＝$8.2×10^4$（T≥70% 部分面积）lm·h，光源的价钱＝5 元，代入式（7-2）得白炽灯的 FTY：

$$FTY = \frac{8.2 \times 10^4}{5} = 1.64 \times 10^4 \, \text{lm·h/元}$$

（3）节能灯 FTY 的计算

由图 7-3 得节能灯的阴影部分面积，光通量×寿命＝$5.59×10^6$（T 积分面积）－$4.91×10^6$（T＜70% 部分面积）＝$6.8×10^5$（T≥70% 部分面积）lm·h，光源的价钱＝27 元，代入

式（7-2）得节能灯的 FTY：

$$FTY = \frac{6.8 \times 10^5}{27} = 2.52 \times 10^4 \, \text{lm} \cdot \text{h/元}$$

（4）LED 灯 FTY 的计算

由图 7-4 得 LED 灯的阴影部分面积，光通量×寿命＝8.82×10^5（T 积分面积）－6.3×10^5（$T < 70\%$部分面积）＝2.52×10^5（$T \geq 70\%$部分面积）lm·h，光源的价钱＝9 元，代入式（7-2）得 LED 灯的 FTY：

$$FTY = \frac{2.52 \times 10^5}{9} = 2.8 \times 10^4 \, \text{lm} \cdot \text{h/元}$$

（5）小结

综合上述计算，3 种光源的 FTY 指标 LED 占有优势，LED 的 FTY 值是白炽灯的 1.7 倍，是节能灯的 1.11 倍。表明 LED 灯在经济性方面已经达到或优于传统光源，具备推广使用所需的经济条件。同时 FTY 可以作为量化光源经济效能的指标。

4. 结语

综上所述，将上述 3 种光源的 FTP 和 FTY 列表见表 7-2，表明 LED 灯无论在能源转换效率还是经济性方面都有长足的进步，具备推广使用的基本条件。

白炽灯、节能灯、LED 的 *FTY* 和 *FTP* 比较　　　　　　　表 7-2

光源类型	FTP 值（lm·h/W）	FTY 值（lm·h/元）
白炽灯	2.04×10^3	1.63×10^4
节能灯	3.78×10^4	2.52×10^4
LED 灯	5.04×10^4	2.8×10^4

还需再次说明：FTY 侧重经济指标，将不同光源的 FTY 进行比较，LED 占有一定优势，随着成本的降低，LED 的这一优势会更加突出。FTP 则侧重技术指标，反应电能转换成光能的效率，LED 的 FTP 指标比其他光源优势明显。

由表 7-1 可以看出，从短期看 LED 经济性不明显。但科学的评价方法是全寿命周期内进行评价，这样 LED 的技术经济指标比较突出。

关于 FTP 和 FTY 系笔者首次提出，有不足之处欢迎读者指正，共同讨论并推动 LED 技术的科学应用。

7.1.2　新标准引导建筑照明节能

相关内容参见本书第 2.2 节。

但是，LED 等技术发展太迅速，已经将标准抛在身后，从这个意义上讲，《建筑照明设计标准》（GB 50034—2013）中规定的 LPD 值已经不适合 LED 照明。因此，呼唤新的标准出现，至少标准不能阻碍技术进步。但是标准的制订是一项科学、严谨、严肃的工作，需要一段时间认真编制，不可能一蹴而就。

而对于体育照明则需满足《体育建筑电气设计规范》（JGJ 354—2014）的相关要求，该规范第 19.3.1 条规定，乙级及以上等级体育建筑的场地照明单位照度功率密度值宜符合表 7-3 的规定。

场地照明单位照度功率密度值   表 7-3

场地名称	单位照度功率密度 $[W/(lx \cdot m^2)]$	
	现行值	目标值
足球场	5.17×10^{-2}	4.21×10^{-2}
足球、田径综合体育场	3.56×10^{-2}	2.90×10^{-2}
综合体育馆	14.04×10^{-2}	11.44×10^{-2}
游泳馆	9.86×10^{-2}	8.03×10^{-2}
网球场	18.00×10^{-2}	14.66×10^{-2}

表 7-3 适用于有电视转播的场地照明，表中对应于场地照明主摄像机方向上的垂直照度，面积是最大场地运动项目的 PA 值。单位照明功率密度可以控制过多使用场地照明灯具，避免不必要的投资，节省能源。

这部标准是对建筑照明总体的能效要求，不论采用什么技术、什么产品、何种系统都必须满足此要求。因此，标准是建筑照明节能的引领者，也是建筑照明节能的守护神。

7.1.3 新技术支撑建筑照明节能

近些年，许多照明技术日渐成熟，应用范围逐渐扩大，尤其 LED 照明技术突飞猛进，逐渐成熟，性价比提升较快，价格已逐渐亲民，为公众所接受，应用场所稳步增加和普及。

1. LED 价格逐渐下降

根据 LEDinside 的数据，2015 年 11 月全球代替 40W 白炽灯的 LED 灯泡零售价格为 10.8 美元，折合 1 美元可以购买约 44lm 的 LED 光；代替 60W 白炽灯的 LED 灯泡价格，降至 14.6 美元，折合 1 美元可购买约 67lm LED 发出的光。

到了 2018 年 11 月份，代替 40W 白炽灯的 LED 灯泡零售均价仅为 6.2 美元，代替 60W 白炽灯的 LED 灯泡零售均价低至为 7.2 美元。表 7-4 可看出三年时间 LED 球泡价格的变化，降幅在 50% 左右。

全球 LED 球泡灯价格变化（美元）   表 7-4

时间	代替 40W 白炽灯	代替 60W 白炽灯
2015.11	10.8	14.6
2018.11	6.2	7.2
下降率	42.6%	50.7%

而我国国内 LED 市场情况，同样 LED 灯泡零售价有相似的下降趋势，到 2015 年 "双十一"，代替 40W 的 LED 灯泡零售均价已经低于 2018 年 11 月全球市场均价，只有 4.0 美元。按当时数据计算，折合 1 美元可购买约 120lmLED 发出的光，接近当时国际市场的 3 倍；代替 60W 的 LED 灯泡价格为 9.9 美元，略高于现在国际市场的价格，按当时数据计算，折合 1 美元可购买约 73lm 的 LED 光，略优于当时国际市场同期的价格。

2. LED 技术进一步成熟

现在 LED 灯越来越得到消费者的认可，与节能灯相比，LED 有诸多优点：

（1）光效高，消费者可以获得更多的光，很实惠。

133

（2）易于调光，丰富场景变化。

（3）色彩丰富且易于变化、控制，营造特殊的氛围。

（4）体积小，便于装修配合。

（5）节能，减少能源消耗，且无汞，对环境没有污染。

优点太多，举不胜举。下面通过同品牌、同功率的光源对比，可以看出 LED 灯的优势明显，完胜节能灯。

如图 7-5 所示，笔者于 2018 年年初在某知名超市所采集的数据。LED 灯与节能灯的额定功率都是 5W，LED 的光通量为 350lm，节能灯的光通量为 230lm。光通量通俗地讲就是光源发出光的多少，其值越大，光源发出的光就越多。由此可见，同样购买 5W 的光源，LED 比节能灯多发出 34.2％的光，可以使房间变得更亮，或者保持同样照度可以少用约 1/3 的灯。

图 7-5　LED 灯与节能灯的比较（1）

寿命上，LED球泡灯高达15000h，而节能灯的寿命为10000h，LED优势明显（图7-6）。

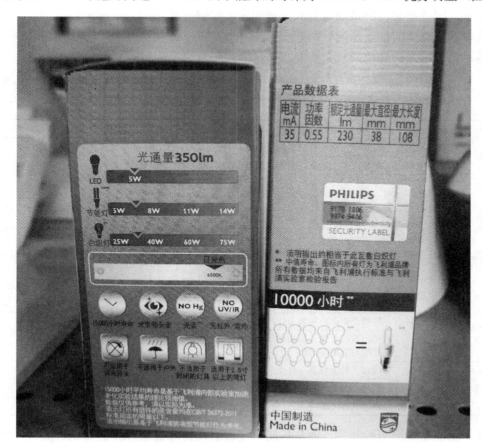

图7-6　LED灯与节能灯的比较（2）

因此，光通量和寿命指标决定了LED在综合能效和经济效能上全面占优，是节能灯无法比拟的，表7-5所示为LED球泡灯与节能灯的对比。

LED球泡灯与节能灯的比较　　　　　　　　　　表7-5

参数	LED	节能灯	差值	增值百分数
额定功率（W）	5	5	0.0	—
额定光通量（lm）	350	230	120.0	52.2%
寿命（h）	15000	10000	5000.0	50.0%
光效（lm/W）	70.0	46.0	24.0	52.2%
FTP（lm·h/W）	1050000	460000	590000.0	128.3%
FTY（lm·h/元）	238636.4	143750	94886.4	66.0%
售价（元）	22	16	6.0	37.5%

注：FTP和FTY参见本书第7章。

由此可见，该LED灯的综合能效是节能灯的1.28倍，经济效能比节能灯高66%。对比表7-2，两年时间LED灯在性能、价格方面均有进步，市场推广更加有优势。

3. 控制技术助力建筑照明节能

本书第6章重点讲解了照明控制技术，控制技术是另一种建筑照明节能技术，并且节能效果比较明显。从手动照明控制到智能照明控制，技术上的进步为照明节能奠定了基础。未来，智慧照明控制系统将会取代智能照明控制系统。

现在的智能照明控制系统种类繁多，应用比较普及。其功能可以概括为表 7-6，可分为基本功能、增强功能、高级功能等三类，为建筑照明节能增添砝码。

智能照明控制系统的功能分类　　　　　　　　　　　　　　表 7-6

功能		描述	备注
基本功能	调光控制	系统对任意回路或灯进行连续调光	少数为有级调光，DALI 可控制到灯
	开关控制	系统可控制任意回路或灯的开和关	DALI 可控制到灯
增强功能	场景控制	可预设多个场景，满足不同需求	
	软启软停	开关灯适度延时，多灯顺序启停，减少开关灯的冲击，延长灯的寿命	
	淡入淡出	场景转换淡入淡出，平稳过渡	
	感应控制	利用红外感应、光感、移动感应、声波感应等感应技术达到对灯光的控制，做到人来灯亮，人走灯延时熄灭	其他类型的传感器，根据需要使用
	照度感应	对某些场合根据室外光线调节灯的亮度或开关灯，包括恒照度控制、变照度控制	
	时间控制	按照设定的时间调节灯的亮度或开关灯	
	系统控制	可用系统总线、局域网等，实现上述控制，并可与 BAS 联网	
高级功能	遥控	可用手持遥控器对灯光进行控制	可采用红外控制、射频控制等
	手机控制	利用 CDMA、GSM 等控制灯	
	APP 控制	通过 APP 软件控制灯光，实现上述功能	手机、iPad 等控制

基本功能是对照明的开关、调光控制，实现取代传统机械开关的目的；高级功能则提供更多的乐趣，实现网络控制、无线控制；而增强功能是照明节能的主体。从工程实际反馈的信息，采用智能照明控制系统中的增强功能，节能至少在 20% 以上，某些场所节能可达 80%。

图 7-7 是 CCDI 完成的北京某写字楼开敞办公区的照明设计，采用智能照明控制系统及 LED 照明技术，嵌入式条形灯为 LED 光源，功率 15W/m，色温 4000K。吊装式条形灯也为 LED 光源，功率 30W/m，色温也是 4000K。该场所的照度标准值为 500lx，则 LPD 值仅有 12.11W/m² ，远低于《建筑照明设计标准》(GB 50034—2013) 中规定的现行值（15W/m²），也低于标准中的目标值（13.5W/m²），既美观又节能。

4. 新系统提升建筑照明节能

根据文献介绍，系统是包含一切所共有的特性，是相互联系相互作用的诸多元素的综合体。

将系统的概念应用到建筑照明节能领域，其系统也是由诸多元素所组成，例如光源、驱动电路、镇流器、启辉器等，这些元素相互联系又相互作用。我们会经常发现，当一个光源损坏后更换另一种品牌的光源，照明效果降低而达不到预期，甚至不能正常点亮，更有甚者会造成部件的损坏，这就是从系统角度看各部件没有很好的匹配。

LED 的出现为建筑照明节能的提升提供了可能和保障。甚至这种系统将会引起一场照明的革命，例如，采用直流供电和网络控制的照明系统，颠覆了传统照明及其控制技术，这就是 POE 供电，符合 IEEE 802.3 标准，这项新技术已经出现，并进行了探索性应用，希望大家关注。详见本书第 1.2 节。

嵌入式LED条形灯

吊装LED条形灯

（上下出光）

图 7-7 某敞开式办公场所照明

5. LED 灯的节能

不少人有这样的疑问，LED 发热比较大，为什么能节能？

这个问题应该进行准确的能耗分析比较好，笔者试图从两个方面作出解释：

（1）光效是重要指标

表 7-7 是各种光源的光效，LED 在光效上占有一定的优势，也就是电能转换成光能的能力比其他传统光源要好些。再加上 FTP 的优势，LED 发光的效能高。

各种光源的比较 表 7-7

光源种类	光效（lm/W）		平均寿命（h）	FTP 综合能效（$\times 10^3$ lm·h/W）	
	范围	参考平均值		范围	参考平均值
普通白炽灯	7.3~25	19.8	1000~2000	7.3~50	28.65
卤钨灯	14~30	22	1500~2000	21~60	40.5
普通直管荧光灯	60~70	65	6000~8000	360~560	460
三基色荧光灯	93~104	98.5	12000~15000	1116~1560	1338
紧凑型荧光灯	44~87	65.5	5000~8000	220~696	458
荧光高压汞灯	32~55	43.5	5000~10000	160~550	355
金属卤化物灯	52~130	91	5000~10000	260~1300	780
高压钠灯	64~140	102	12000~24000	768~3360	2064
高频无极灯	55~70	62.5	40000~80000	2200~5600	3900
LED灯	120~160	140	30000	4200	4200

图 7-8 中纵坐标为 FTP 综合能效，单位为 $\times 10^3$ lm·h/W。LED 的光效还在不断提升，其 FTP 值将会进一步提高。

（2）LED 的方向性是重要特点

LED 的结构不同于传统光源，其发光具有较强的方向性，不可能向四周发光，LED 集中将光照射到被照面上，自然提高了效率。而传统光源的发光接近 360°，如果要控制好传统光源发的光必须增加反射器，而有了反射器灯具的效率会打折扣。因此，传统光源的灯具整体效率不高，而 LED 尽管发热浪费了一些能源，但总体效率是高的。

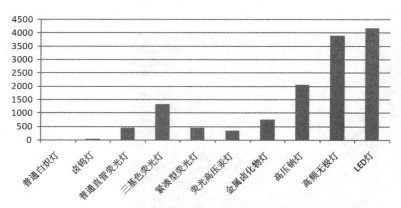

图 7-8　各种光源的 *FTP* 值

6. 微能量采集发电技术

在 2017 年和 2018 年的广州照明展上，发现了一项非常好的技术，即无线动能开关。正如其名称一样，这种开关最显著的特点是无线无电，无线即该开关不用接电线；无电是该开关不需要电源，包括电池。很奇特，也很有创意。无电又很环保、节能，是一项值得推广的新技术。其核心是 MEA 技术，就是微能量采集发电技术。该开关内置微型能量电机采集能量，当按下开关时将机械动能转化成电能，并发出信号，控制设备的开启。目前，照明是该技术应用比较早、比较好的领域。

图 7-9 中左侧两个面板是无线无电动能开关，工作频率为 433MHz 和 868MHz；中间长方形的设备是无线接收控制器，接收器需要 AC 220V 电源，控制功率可达 1.1kW；右侧为灯具。

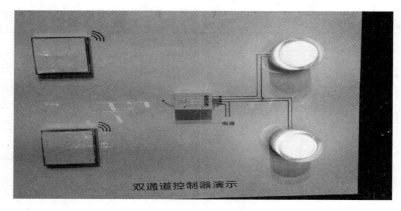

图 7-9　无线无电动能开关

据了解，目前世界范围只有中德两国拥有该技术，经过深度开发，该技术可以拓展应用在智能家居、末端空调设备、风机等的控制。

7. 太阳能灯

对于太阳能灯，不少人（包括笔者）一直持怀疑、谨慎态度，认为很多是噱头，实用价值不高。其寿命、可靠性、性价比等这些关键指标能不能满足实际工程需要？

前一段时间，看到邻居使用了两款太阳能灯，萌发了笔者也想尝试的念头。不试不知道，通过使用才能知道太阳能灯的实际应用效果和价值。于是，在网上购买了一款颇受好评的太阳能灯，下面把该灯的使用情况给大家作一简单介绍。

（1）照明效果出乎预料的好

这么小的功率可照亮门前一大片区域，该灯非对称配光效果不错，符合壁灯应有的效果，超出预期（图7-10）。

图7-10　一盏灯照亮一片区域

（2）照明控制很人性化

该灯的照明控制很用心，白天晒太阳，将太阳能转化为电能，并储存在电池中，供晚上使用。白天灯不会亮，由亮度传感器控制。晚上天黑后当有人的时候灯才亮，左右各有一个红外传感器，侦测范围很大，做到晚间人到灯亮，人走灯灭，在满足需求的前提下，真正节能环保（图7-11）。

图7-11　从另一个角度看照明的效果

这个灯还可以彩色变化,这个功能意义不大,在此不必多说。

(3) 灯具造型比较美观、大方

灯具造型美观大方,结合光伏板的位置,灯具设计的比较巧妙,光伏板与灯具融为一体,其倾斜的角度又有利于光照,最大限度实现光伏的高效率。

图 7-12 上部格栅状的为光伏板,中间左右两侧白色半球形状是红外传感器。

图 7-12 正立面图

(4) 价钱可以接受

有人会问,这款绿色、高科技的太阳能灯一定很贵吧? 个人认为不到 90 元一盏灯还是可以接受的,关键看使用寿命,按照说明书要求,使用寿命为两年,两年以后更换电池可以继续使用。现在这款灯已经正常使用一年多,效果良好。

附:技术参数

光源类型:LED;

控制方式:自动控制、感应照明,可调光、可变色;

整灯电压:36V;

整灯功率:19W;

色温:6500K;

单颗 LED:0.8W,1.2V;

净重:198g;

体积:154mm×111mm×68mm。

7.2 环保与健康光环境

7.2.1 天然光利用的类型

建筑中利用天然光主要有以下几种方式:

1. 采光

采光：包括直接采光和间接采光，前者指采光窗户直接在建筑物外表面开设，窗户可以开设在外墙上，也可以开在屋顶上；后者指采光窗户朝向封闭式走廊、天井、直接采光的大厅等。

采光是应用最早、最广泛的天然光利用技术，国际上通常使用采光系数来描述，我国《建筑采光设计标准》（GB 50033—2013）对采光系数定义为在室内给定平面上的一点，由直接或间接地接收来自假定和已知天空亮度分布的天空漫射光而产生的照度与同一时刻该天空半球在室外无遮挡水平面上产生的天空漫射光照度之比。简言之，就是全阴天空下室内照度与同一时刻室外无遮挡处照度的比值。采光系数源于CIE，在全球范围内得到认可并推广使用。

更新的CBDM天然光评估法已经列入了CIE的研究计划，CBDM不仅考虑了采光系数和统计的天空参数，还引入了地域特点，将地域的动态气象参数一并考虑在内，这样可以更准确地反映建筑物的实际采光效果。

采光主要由建筑专业进行设计。

2. 被动式天然光导光系统

天然光导光系统是利用光的折射、反射原理，将天然光引导到室内，供室内照明使用。被动式导光系统的采光部分固定不动，不需跟踪太阳。该系统结构、控制较简单，造价低廉，但效率不如主动式系统高（图7-13）。

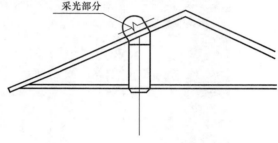

采光部分

图7-13 被动式天然光导光系统示意图

3. 主动式天然光导光系统

与被动式系统不同之处，主动式导光系统是指系统的采光部分实时跟踪太阳，以获得更好的采光效果。该系统效率较高，但系统变得更复杂，机械、控制均复杂，造价较高，维护成本也大大增加。

4. 漫反射系统

漫反射系统是一种被动式采光系统，它是利用漫反射原理将天然光引入室内，达到照明的效果。为了更好地理解漫反射系统，有必要先介绍漫反射。其实，漫反射是反射的一种，英文名 diffuse reflectance 能很好地说明这一点，即散乱的反射，这种反射没有规律，即使是平行光线经过粗糙的表面也会向各个不同的方向反射。因此，漫反射是指光线被粗糙表面无规则地向各个方向反射的现象。

漫反射系统最大的特点是光线柔和，眩光很小，让人感到很舒适。

著名的水立方PTFE膜结构起到了漫反射的作用，犹如梦幻般的水晶宫。

7.2.2 LED灯具有环保节能的统一

本书7.1节解读了LED球泡灯的节能效果和原理，其实LED灯在环保方面也是可圈可点的。下面还是以LED球泡灯为例进行说明。

笔者在超市购物看到货架上有多款LED球泡灯，由于职业的因素对该类球泡的说明仔细阅读，发现有些内容对于消费者来说比较陌生，不利于正确选购（图7-14）。

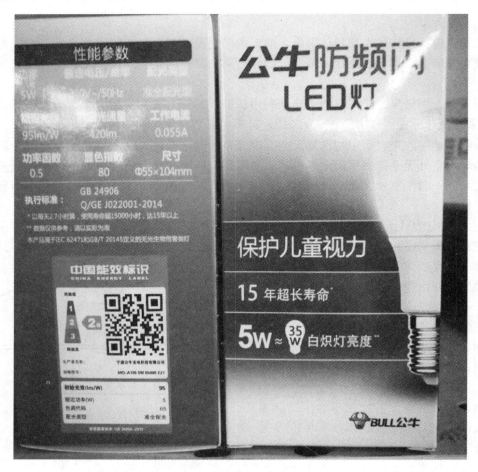

图 7-14　货架上的球泡灯

1. 国际大品牌包装标识、标注比较清晰准确

由于西方法律意识比较强，法律比较健全，所标注的信息有理有据，滴水不漏，值得本土企业学习。

2. 节能、长寿命

3W 的 LED 球泡额定光通量约 250lm，普通消费者不一定知道光通量是何物？简单来说，光通量就是灯泡所发出光的多少。3W 的 LED 球泡发出的光与 5W 的节能灯或 25W 白炽灯所发出的光相当，如此可见 LED 节能效果非常好（图 7-15）。

3. 能效等级

LED 球泡根据《普通照明用非定向自镇流 LED 灯能效限定值及能效等级》（GB 30255—2013）进行能效等级评定。简单地说，等级 1 能效最高，最节能；等级 3 为能效门槛，满足等级 3 方可销售；等级 2 居中（图 7-16）。

4. 光效

图 7-17 中两款球泡灯左侧为 6500K 色温（日光色），右侧为 3000K 色温（暖色温），其光效有区别，日光色的光效为 85lm/W，暖色的光效略低，为 80lm/W。当然暖色的球泡更适合家用。

图 7-15　3W 球泡灯相关信息

图 7-16　能效标识

5. 频闪抑制

频闪会对人的视力产生不利的影响，甚至伤害。频闪抑制技术可以有效地减小频闪，保护视力。详见本书第 3 章。

6. 光生物安全

根据 IEC/EN 62471《LED 灯光生物安全测试及认证》，将 LED 光辐射对生物肌体组织，尤其对人的皮肤、眼睛可能造成的伤害进行评估，LED 灯光辐射的危害等级分为最安全的豁免级、低危害级、中等危害级和高危害级共四级。图 7-17 中的产品为最安全的豁免级，对人的皮肤、眼睛的伤害可以忽略不计。

通过上述说明，在购买 LED 球泡时应该心中有数了。

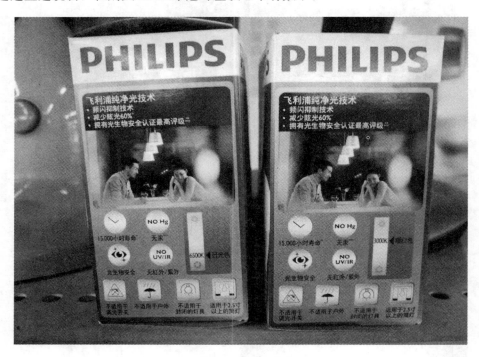

图 7-17　纯净光技术

7.2.3　再谈光源的蓝光危害问题

最近经常有朋友问关于 LED 灯的蓝光问题，总是放心不下，担心对身体尤其对皮肤和眼睛造成伤害。通过本书 7.2.2 中 IEC 关于光生物安全的相关标准，对光生物安全会有所了解。

IEC 对光源的蓝光危害问题作过系统研究，并发布相关的技术文件。2006 年的 IEC/EN 62471《LED 灯光生物安全测试及认证》在行业内产生较大的影响。在此基础上，2014 年 IEC 又推出了 IEC 62778：2014《应用 IEC62471 评价光源和灯具的蓝光危害》，蓝光危害风险与最大允许曝辐时间的关系见表 7-8。

蓝光危害风险与最大允许曝辐时间的关系　　　　　　　　　　表 7-8

风险等级 RG	风险名称	最大允许曝辐时间 t_{max}（s）
0	无风险	＞10000
1	低风险	100～10000
2	中度风险	0.25～100
3	高风险	小于 0.25

表中的最大允许曝辐时间在 IEC 文件中有明确的定义和计算方法，如图 7-18 和图 7-19 所示，大家可以参考 IEC 标准。

For a source where the blue light weighted irradiance, E_B, exceeds 0,01 W·m^{-2}, the maximum permissible exposure duration shall be computed:

$$t_{max} = \frac{100}{E_B} \qquad \text{s} \qquad \text{(for } t \leq 100 \text{ s)} \qquad (4.8)$$

where:

t_{max} is the maximum permissible exposure duration in seconds,
E_B is the blue light hazard weighted irradiance.

图 7-18　蓝光加权辐照度计算

For a weighted source radiance, L_B, exceeding 100 W·m^{-2}·sr^{-1}, the maximum permissible exposure duration, t_{max}, shall be computed:

$$t_{max} = \frac{10^6}{L_B} \qquad \text{s} \qquad \text{(for } t \leq 10^4 \text{ s)} \qquad (4.6)$$

where:

t_{max} is the maximum permissible exposure duration in seconds,
L_B is the blue-light hazard weighted radiance.

图 7-19　蓝光加权辐亮度计算

看到上面的计算方法很多朋友都会发憷，是否有简便选购方法？答案是肯定的。购买时，选择光生物安全等级为豁免级的产品，这样的光源相对安全，可以忽略蓝光对人眼睛、皮肤等的伤害。正规名优产品包装上应该有标识，图 7-17 为示例。

7.2.4　理性对待护眼灯

前几年，护眼灯深受市场青睐，顾名思义护眼灯可以保护人的视力。最近有朋友问，LED 有护眼灯吗？我很审慎地回答了这个问题：

（1）护眼灯的原理

实际上，过去的护眼灯是使用电子镇流器的荧光灯。我国国家的电网是工频 50Hz 的交流电，对于采用工频交流电的台灯来说，输出的光随着交流电而呈现周期性的明暗变化，这就是频闪效应。护眼灯采用电子整流器后，频率由 50Hz 提高到 20kHz 及以上的频率，频闪效率将大大改善。如果将交流电变换成直流电，则频闪与纹波有关，但已大大改善。从这个角度上讲，护眼灯对保护视力是有好处的（图 7-20）。

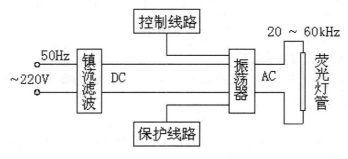

图 7-20　电子镇流器原理框图

与其说护眼灯是技术上的进步，不如说是商业模式的高手。与工频 50Hz 的台灯相比，护眼灯对保护眼睛是有一定的好处的。

（2）LED 的护眼灯作用到底如何？

我们可以从影响人的视力来进行分析。

1）频闪效应对人视力是有害的

我们可以通过手机里的录像功能来判别 LED 灯的频闪效应。将手机调到拍摄视频模式，对准LED灯进行观看，如果视频画面出现周期性的明暗变化、抖动，则表明有频闪效应。抖动的越厉害，表明频闪效应越严重。从技术指标上看，频闪比（见本书第 3 章）应该控制在 10％ 以内，学生用的"护眼灯"最好将该指标控制在 6％ 以内（图 7-21）。

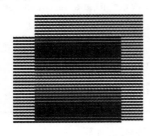

频闪效应是在以一定频率变化的光线照射下，观察到的物体运动呈现出静止或不同于其实际运动状态的现象。

图 7-21　频闪效应

2）蓝光对视力是有害的

蓝光危害一直受到大众的关注，本书 7.2.3 部分就此问题作过详细的说明，在此可以告诉大家最终的结论：护眼灯的色温不要超过 4000K。如何判断？在选购时，不要购买白光的灯，光的颜色要略微有点发黄（图 7-22）。

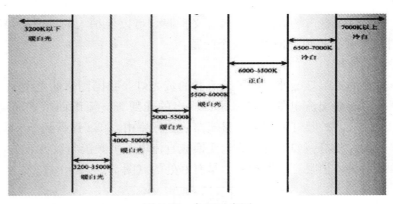

图 7-22　色温示意图

3）高亮度差对视力也是有影响的

护眼灯灯光与背景光如果亮度差别过大，容易引起眼睛的疲劳，因此不能只用护眼台灯而关掉房间顶灯。

（3）结论

其实护眼灯并不重要，只要符合上述要求，其他类型的台灯也是可取的。同时还要注意用眼卫生，注意眼睛的休息和恢复。

7.2.5 关于节能灯致癌问题

最近接到多位朋友转发关于节能灯致癌问题的文章，询问其真实性。这篇文章在朋友圈里广为转发，影响很大。下面谈谈个人观点，供大家参考和讨论。

（1）节能灯由紫外线激发荧光粉而发光，只要紫外线不外泄，节能灯内的紫外线就不会对人造成伤害。直管荧光灯也是同样的原理，为什么没有这样的问题？

（2）节能灯含有汞，汞是剧毒物质，可以致人于死地，并且污染环境。但是汞在灯内部，只要不外泄，就不存在汞安全问题。其实，直管荧光灯、高压汞灯等高强度气体放电灯汞的含量远远高于节能灯，汞安全问题不是节能灯独有的问题。

（3）光谱问题

太阳普照大地，给万物带来生机。因此，太阳光是公认的健康光。与太阳光相比，包括节能灯在内的人工光源的光谱与太阳光相差较大，而节能灯红色光缺失严重（图7-23、图7-24）。

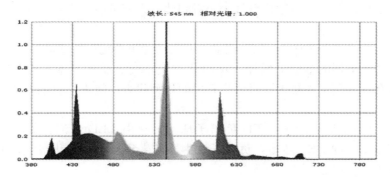

图 7-23 节能灯光谱

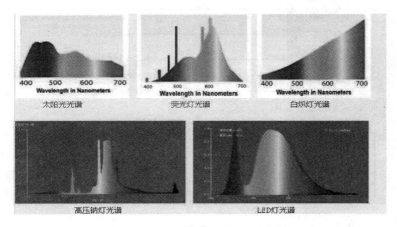

图 7-24 其他种类灯光谱（图片来自于网络）

（4）回收问题

由上面分析可以得出，节能灯的回收、安全处理问题非常重要。在欧美发达国家，节能灯、荧光灯的回收有严格的规定。而我国废弃的节能灯、荧光灯经常被当作普通垃圾一起处理，这是非常严重的问题。因此，建议立法强制回收节能灯、荧光灯等含汞的光源，以保护环境。

（5）紫外线的利用

其实太阳光包含紫外线，在西部高原地区紫外线伤害了当地居民的皮肤，当地人脸上留下具有当地特征的高原红。当时我们经常在太阳光下晒被子、晾衣服，利用太阳光中的紫外线消毒杀菌。同样的原理，利用能产生大量紫外线的人工光源消毒杀菌，例如医院里广泛使用的紫外线杀菌灯。

因此，节能灯致癌问题还需要进一步研究，目前下结论为时过早。同时，应该更加重视节能灯、荧光灯等的回收问题，安全处理废弃的这类光源，保护环境，造福子孙。

7.2.6 能净化空气的灯泡

现在大家对雾霾深恶痛绝，尽管政府采取很多措施，但是雾霾还是经常光顾我们的城市。于是厂家推出了许多除霾的产品，例如空气净化器、除霾空调系统等。

我们幻想有一天晚上一边开灯照明、一边净化空气，或者一边看电视、一边净化空气，或者一边运行冰箱、一边净化空气……看到此，大家可能会发现一个秘密，笔者用公式表示如下：

$$一边……、一边净化空气＝主功能＋净化空气功能$$

这是在主功能电器的基础上增加一项净化空气功能。属于技术组合类创新，值得赞扬。这种创新有许多例子，航天飞机便是其中的典型代表，航天飞机是由飞机技术＋航天技术的组合。

现在介绍一项创新技术——LED 负离子球泡，它由 LED 灯泡、负离子发生器组成（图 7-25），有别于普通 LED 球泡，负离子发生器产生负离子以净化空气，清除空气中的有害物质，健康、环保。

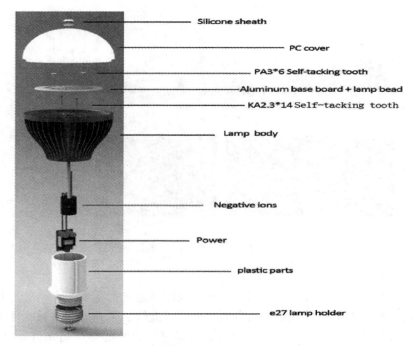

图 7-25 LED 负离子球泡

其实，LED 负离子球泡的生产厂家有许多家，价钱从每只不足十元到数十元不等，但这里只想告诉大家：拓宽思路，将技术有机组合是创新的一种途径。

7.2.7 一种自然光谱拟合 LED 光源的新技术

大家知道，自然光有益于健康，给万物带来生长的机会。而现在火热的 LED 人工照明一直受到人们的质疑或诟病，光谱不连续、光生物安全问题等困扰着人们。

笔者推荐这项新技术——一种自然光谱拟合 LED 光源技术。顾名思义，该技术用 LED 光源拟合成接近自然光的光谱，在这种光环境下人们得到真正意义上的绿色照明、健康照明（图 7-26）。

日光类产品

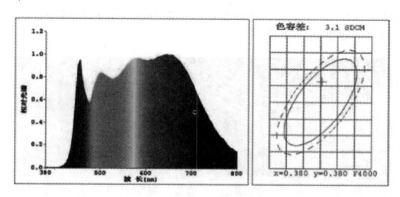

图 7-26　日光类产品光谱

从材料看，该技术的主要技术参数令人鼓舞：色温 1800 ～ 12000K，显色指数 CRI＝95～99，波长 360～800nm，光功率分布调整精度±2％。这些数据意味着该技术具有超高显色性、精准、连续的光谱、更宽泛的波长范围。

期待该技术的应用效果。

第 8 章   案 例 分 享

8.1   体育照明案例——国家奥林匹克中心体育场

国家奥体中心体育场是曾经举办过亚运会和奥运会等重大赛事的高等级体育场，其场地照明升级改造工程已于 2018 年 5 月完成，这是我国第一个采用 LED 体育照明的国家级体育场，亮点很多，效果良好（图 8-1）。

图 8-1   国家奥体中心体育场实际效果

8.1.1   高标准高质量

作为奥运会场馆，满足高清电视转播是必需的。足球模式下，284 套 1400W 的 LED体育照明系统达到主摄像机方向垂直照度超过 2000lx，照度均匀度远超国家标准的规定，可以满足奥运会、世界杯足球赛等顶级赛事，符合国家级体育场的身份。高品质的光环境为体育转播增光添彩。

图 8-2 是该体育场照明平面图，是典型的两侧光带布置，具有照明均匀的特点。图 8-3为足球模式下主摄像机方向上的垂直照度计算值。第三方检测及验收现场实测的数据可以得出这个体育场是高标准高质量的体育场，详见表 8-1。

8.1.2   恒照明技术

Musco 是恒流明技术的先行者和倡导者，得到国际足联 FIFA、ESPN 等国际体育组织和国际著名体育赛事转播机构的高度认可。在体育照明系统寿命周期内，各照明指标先进、稳定、恒定，满足竞赛及电视转播需要。

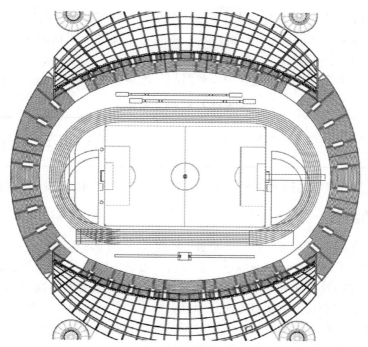

图 8-2　照明平面布置图

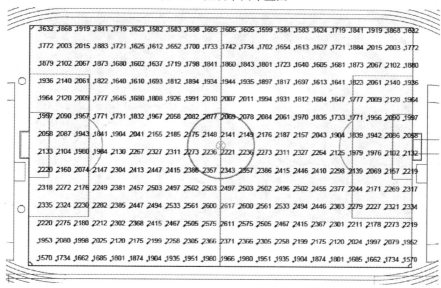

图 8-3　足球模式主摄像机方向上的垂直照度

体育场实际实测数据　　　　　　　　　　　　　　表 8-1

参数	水平照度（lx）	主摄像机方向上的平均垂直照度（lx）	移动摄像机 A 方向上的平均垂直照度（lx）	移动摄像机 C 方向上的平均垂直照度（lx）
平均照度（lx）	2968	2056	1922	1950
U_1	0.7	0.7	0.7	0.6
U_2	0.8	0.8	0.8	0.7
眩光 GR	34	频闪比	0.2%	
相关色温 T_c（K）	5439	显色性	$Ra=86, R9=27$	

恒照度是 Musco 公司的专利技术，在本书第 1 章介绍了基于金卤灯的恒流明技术。本案例中的恒照度是基于 LED 及其控制技术，在照明系统寿命周期内照度基本保持不变，因此照度均匀度也保持不变。

更可喜的是，本案例在调光过程中，色温和显色指数基本保持恒定，详见表 8-2。

调光时 T_c 和 Ra 的变化 表 8-2

调光比例（%）	100	74	56	35	21
色温 T_c(K)	5439	5376	5339	5280	5250
显色指数 Ra	86	86	86	86	87

现场实测表明，该场地照明的频闪比仅 0.2%，远低于我国标准 6% 的限值，效果甚好。

8.1.3　良好的控光

该体育场对光的控制非常好，眩光指数 GR 仅 34，优于奥运会标准 $GR=40$ 的要求。

这里要说明一下，这是一座老场馆改造项目，限制条件很多，因此场地照明改造难度较大，取得如此好的效果实在不容易。4 万人体育场，雨棚高度不高是最大的制约条件，只有 35~42m；雨棚的长度也明显不足；而且，由于经费短缺原因，利用了原照明配电系统。这些在经济上具有一定的好处，但这对照明设计和实施带来巨大挑战。最难实现的眩光指数 GR 控制得非常优秀，超出预期（图 8-4）。

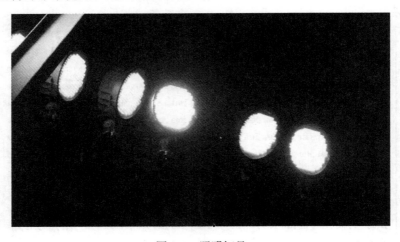

图 8-4　照明灯具

8.1.4　节能

此次照明改造，照明性能指标有所提升，原场地照明采用 2000W 金卤灯 387 套，总安装功率 851.4kW；改造后采用 408 套 1400W LED 灯具，总安装功率 571.2kW，减少安装功率约 1/3，极大地节约了营运成本，节能效果非常可观（图 8-5）。

8.1.5　十年质保

敢于承诺 10 年质保源于对产品质量信息和不断追求，可以说产品经过千锤百炼。相比几个月研发、生产出的 LED 灯具，对高品质的照明系统更加充满信心。

图 8-5 西侧光带实景

8.1.6 专家组评审意见

由国内顶级的照明专家组成的评审组听取了项目建设汇报、就相关问题进行提问、听取了第三方检测汇报，并实地现场考察。评审组对该项目给予高度评价，是我国第一座采用 LED 技术、满足高清电视（HDTV）转播的国家级体育场，并建议在全国推广该技术（图 8-6、图 8-7）。

图 8-6 专家评审会会场

图 8-7 评审专家现场考察后合影

8.2　景观照明案例——湛江奥林匹克体育中心照明设计

8.2.1　项目概况

　　湛江市位于祖国大陆最南端雷州半岛上，东濒南海，南隔琼州海峡与大特区海南省隔海相望，西临北部湾，是一座非常美丽的海滨城市。2009 年 4 月 29 日湛江市成功申办了 2014 年广东省第十四届省运会，省运会主场馆就位于湛江市坡头区海湾大桥桥头以北地块，紧邻海边，具有得天独厚的景观资源（图 8-8）。

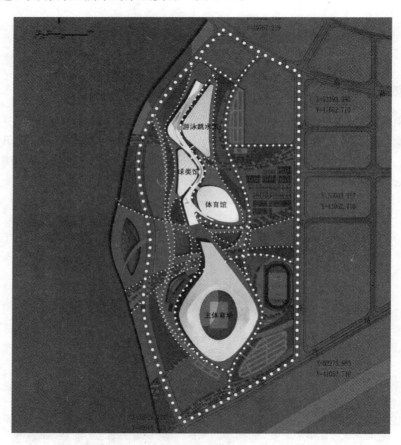

图 8-8　湛江奥林匹克体育中心总平面图

8.2.2　设计篇

1. 项目分析

（1）建筑风格

　　在总体布局上，主体育场、体育馆、综合球类馆和游泳跳水馆沿海岸线一字展开，取得最宽的沿海展示面，有利于打造靓丽的沿海景观。总体布局以"海之贝"为理念，主体育场寓意"海螺"，建筑形体简洁、纯净。膜结构的表皮充分展示了南方建筑轻和透的特点，并运用当今最先进的结构形式完美地阐释了这一隐喻。通过参数化设计，在波光粼粼的海边，完整地展现出优美的海螺的形态，结合三馆的"贝壳"形态，即体现了设计的主题，也充分展现了湛江海滨城市的风貌。

中国的核心文化讲究放慢脚步、感受自然，我们将自然、海、天空、建筑与文化、人与空间融合到一起，当夜幕降临，灯光开启时让人们享受到一种自然赋予我们的和谐之美、优雅之美（图 8-9）。

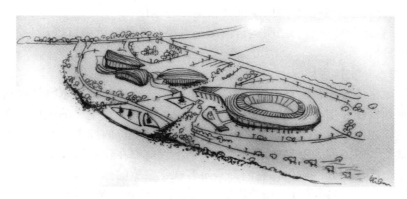

图 8-9 体育中心鸟瞰草图

（2）结构分析

湛江奥林匹克体育中心各场馆相互之间和谐、统一，具有良好的整体感。白天，他是洒落在滨江海岸的贝壳，慢慢地抒发着"海之贝"情怀；夜晚，他点亮璀璨的灯光，用优雅的韵律传递着省运会的召开，让我们穿越时空、一同倒数，共同迎接省运会之光的莅临（图 8-10）。

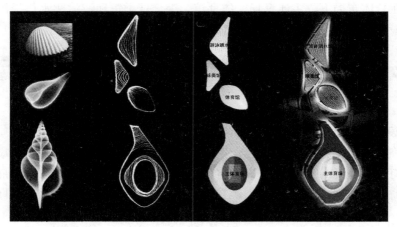

图 8-10 体育中心结构分析

（3）空间分析

照明空间整体框架的研究是从全局、总体对场馆照明要素构成的总体规划。采用空间分析的方法，选择建筑物照明的视觉角度，确立照明工程整体空间框架的基础。

整个规划区域分为场馆照明和广场景观照明两部分，建筑整体造型优美，广场景观元素丰富，但并不是每个元素都会成为照明的重点表现对象，照明构成要素的确定是要从以下几个方面入手：

1）场馆的整个造型，重点突出；

2）建筑主场馆的建筑特色要素；

3）局部点睛部分及一些功能性照明；

4）整个建筑群体要对整体空间作出一定的贡献；

5）突出场馆自身的体量、照明色彩及使用功能上的特征；

6）建筑主体育场是整体空间的象征性及地标性地位；

7）考虑到省运会赛事后的照明运营情况及需要开展的旅游项目等。

（4）视点分析

1）标志物——主体育场

毫无疑问，主体育场是体育中心乃至湛江市的标志性建筑。标志物是观察者的外部参考点，也起到地标性作用，从区域景观形态上来说，它具有最重要的地位，在体量、色彩等地位占据主导作用。对于熟悉该区域的人，它是视觉定位的标准；而对于不熟悉该区域的人，它通常给人留下最为深刻的印象。标志物不仅能够在建筑特征上代表整个区域的功能象征，在整个广场多处区域内，它们都是游客视觉定位的标准。

2）区域——入口场馆区域、场馆带区域、展示带区域、健身带区域

区域是广场园区内的一个整体分区，是一个二维平面，游览者从心理上有"进入其中"的感觉，游人可以在内部识别它，如水上活动广场、极限运动广场、综合健身广场、太极拳广场等。区域同时也可以当作外部的参照。

3）天际线——海岸视觉点

天际线不是一个独立的元素，它是人们处于一定距离之外，呈现在视野范围内的景象，它基本是一个二维的立面，当景物之间存在明显的距离感时，它可以成为一个三维的立体图像。在总体布局上，主体育场、体育馆、综合球类馆和游泳跳水馆沿海岸线一字形展开，取得最宽的沿海展示面，有利于打造靓丽的夜景沿海景观带（图 8-11）。

图 8-11　体育中心视点分析

2. 照明设计主题和照明规划指标

夜幕降临，慢慢点亮海湾东岸之光，场馆建筑以照明的形式书写着"海之贝"的情怀。大海、灯光、优雅中带有那份高傲自信的场馆，让湛江这块蔚蓝之滨如花朵般的绽放，迎接着省运会的胜利召开。此刻，它正以光的韵律向我们抒写着湛江的历史与未来（图 8-12）。

因此，湛江奥林匹克体育中心的照明设计主题定为：光影流连，绽放光彩。用灯光作为媒介，让建筑与水进行对话，演绎湛江璀璨的明珠。灯光幻彩，抒写海贝情怀；湛蓝之夜，绽放盛运盛会。

（1）亮度分析

场馆的照明亮度除要考虑自身的照明方式外，还要与周边环境相协调，亮度统一中寻求变化。整体分为三个等级亮度，如图 8-13 所示。

图 8-12 体育中心鸟瞰图

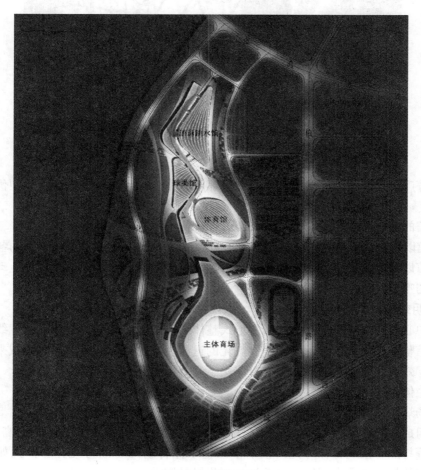

图 8-13 亮度分级

（2）光色分析

如图 8-14 所示，场馆的顶部整体照明统一中寻求变化。让场馆的使用功能与照明灯光相互辉映。

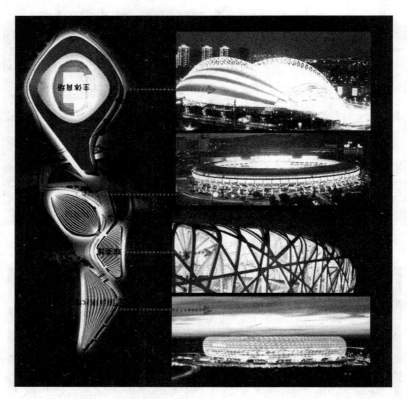

图 8-14 光色分析

主体育广场的光色主要以白色为主，顶部阳光板均匀照明，整体灯光造型优雅，充满现代感。

体育馆的整体照明为暖白色，充满活力，象征着活跃的生命力。

球类馆以暖黄色调为主，提取篮球的色系颜色，述说着科技、具有震撼力的各种故事。

游泳馆以蓝色调为主，巧妙地将水元素的颜色融入到照明设计中来，让运动员感受到竞技场所的唯美。

3. 照明效果

奥体中心总体灯光设计是以面光的形式整体突出建筑的体量，避免了轮廓线方式的单薄感；三馆整体灯光的内透设计，通过灯光的退韵及幕墙结构形成的阴暗区域来达到视觉上"拔高"效应，同时也使建筑更富有层次感和韵律感。

（1）主体育场

体育场灯光尤为靓丽，这得益于体育场外立面的膜结构。体育场外立面由 5 个环形带状膜单元组成，膜材采用从美国进口的 PTFE 网格膜，具有强度大、透光率高、寿命长、自洁性强等特点。夜晚，在灯光的投射下，整个体育场外立面灯光异彩，犹如飘动的彩带，其动态的灯光效果在三馆灯光的烘托下将极具震撼。

主体育场以白色调为主,体育场顶部阳光板采用 LED 投光灯照明,光色为白色,彰显简洁与大气,立面主要表现膜结构的造型,采用 RGB 全彩投光灯照明,在比赛时刻配合入场式以烘托氛围,例如两个足球队进行比赛,可通过控制系统实现两队的队服色彩出现在膜结构上,烘托比赛的氛围。在夜间可实现球场的外观会变化万千(图 8-15、图 8-16)。

图 8-15　主体育场鸟瞰效果

图 8-16　体育场的照明效果

(2)体育馆

我们在夜间延续建筑在白天的美感和其张力,利用 LED 条形灯安装在建筑顶部的不规则纹理中,体现"贝壳"的不规则切面结构;使之充满力量和动感,同时它又是单纯的,像一片纯洁的贝壳放置在海滨之端(图 8-17)。

(3)球类馆

球类运动多种多样,包括羽毛球、篮球、网球、乒乓球等,照明设计时可根据球类项目运动,选择变幻顶部灯光色彩,如:羽毛球——白色,篮球——黄色,网球——柠檬色。此方案在航拍时可清晰表达出目前正在进行哪种比赛项目。立面采用内透方式照明,简洁纯净(图 8-18)。

(4)游泳馆

以投光照明和内透为主,体现游泳馆的建筑立体感和厚重感,利用高显色性白光对游泳馆挑檐部分进行投光。使建筑与场景融为一体,游泳馆就像是贝壳与海水相牵相依;场馆的弧浪形边缘结构则采用条形灯体现(图 8-19)。

图 8-17　体育馆的照明效果

图 8-18　球类馆的照明效果

图 8-19　游泳馆的照明效果

总体上看，各场馆的照明协调统一，具有现代感和地域特色，整体效果如图 8-20～图 8-30 所示。

图 8-20 庆典之夜——鸟瞰

图 8-21 休闲之夜——鸟瞰

图 8-22 艺术之夜——鸟瞰

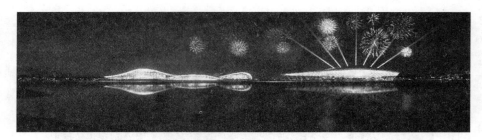

图 8-23 庆典之夜——人视（1）

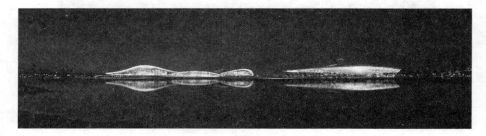

图 8-24 庆典之夜——人视（2）

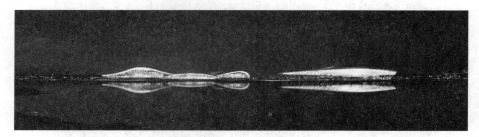

图 8-25 庆典之夜——人视（3）

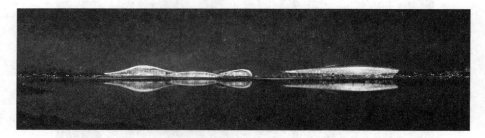

图 8-26 庆典之夜——人视（4）

图 8-27 休闲之夜——人视（5）

图 8-28　庆典之夜——近视点（1）

图 8-29　庆典之夜——近视点（2）

图 8-30 庆典之夜——近视点（3）

8.2.3 实现篇

下面介绍一下第十四届省运会主场馆工程泛光照明施工图，图纸与现场实际情况存在差异时，施工方可根据现场实际情况，对灯具的数量以及安装位置进行适当调整，调整前需经业主及设计方对调整内容进行确认，以达到设计的照明效果。

第十四届省运会主场馆是湛江市为满足承办广东省第十四届运动会要求，打造湛江市地标性建筑和城市名片的重点工程。游泳馆满足全国性及单项国际比赛要求，其他场馆要求满足全国单项比赛及举办地区性比赛。

第十四届省运会主场馆工程泛光照明设计，面临的不仅仅是某个场馆及局部元素亮与不亮的问题，我们需要从中国传统文化和哲学内涵、体育场馆这一特殊的集比赛、观光、科技、表演于一体的组织结构，从现在运动员及观众的游览需求等多角度出发，以全局观念，为省运会主场馆提供一个全方位的照明解决方案。

在总体布局上，主体育场、体育馆、综合球类馆和游泳跳水馆沿海岸线一字形展开，取得最宽的沿海展示面，有利于打造靓丽的沿海景观。总体布局以"海之贝"为理念，主体育场寓意"海螺"，建筑形体简洁、纯净。膜结构的表皮充分展示了南方建筑轻、透的特点，并运用当今最先进的结构形式完美地阐释了这一隐喻。通过参数化设计，在波光粼粼的海边，完整地展现出优美的海螺的形态，结合三馆的"贝壳"形态，既体现了设计的主题，也充分展现了湛江海滨城市的风貌。

1. 布灯灯位

立面照明的布灯如图 8-31～图 8-38 所示。

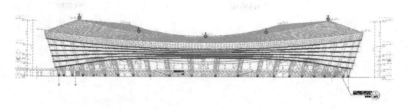

图 8-31 体育场南立面布灯图

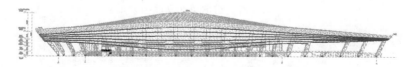

图 8-32 体育场东立面布灯图

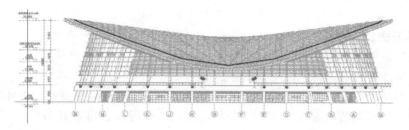

图 8-33 体育馆东南立面布灯图

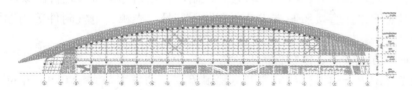

图 8-34 体育馆东北立面布灯图

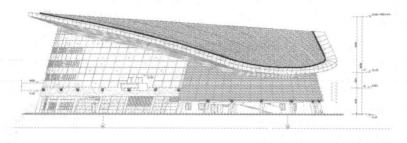

图 8-35 综合球类馆北立面布灯图

图 8-36 综合球类馆东立面布灯图

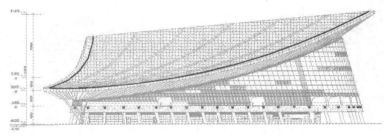

图 8-37　游泳馆北立面图

图 8-38　游泳馆东立面图

2. 灯具及光源选择

灯具选型原则如下：

（1）必须确定灯具经过"CCC"认证。

（2）采用较高的防护等级，以延长维护周期为目的，室内不低于 IP43，室外不低于 IP54。户外灯具需要根据安装位置选择相应的防护等级，如地埋灯必须为 IP67。

（3）光源采用绿色节能、高效、长寿的光源，并具有良好的显色性和适宜的色温。灯具采用高效、美观灯具，并具有一定防眩光控制，各项指标均符合现行国家标准。

（4）一般照明采用直接照明方式，所有照明灯具、光源、电气附件等均选用高效、节能型产品。

（5）灯具应方便安装、维护保养及检查。

（6）荧光灯配电子镇流器或节能型电感镇流器，功率因数大于 0.9，并符合电磁兼容的要求；金卤灯配节能型电感镇流器，功率因数大于 0.85。

（7）尽量选择成熟灯具产品，保证项目运行的稳定性。

主要灯具技术参数见表 8-3～表 8-7。

LED 线型洗墙灯（主体育场）　　　　　　　　　　　　　　　　　　　　　　　表 8-3

组件名称	规格参数	
灯体	灯体材料：挤压铝灯体 密封胶圈材料：耐紫外老化硅橡胶 连接件材料：耐紫外老化硅橡胶 透光材料：高强度钢化玻璃 外观颜色：银灰色 灯具寿命：≥25000h 防护等级：IP65 电源：100～240VAC±10% 配光：参照配光曲线图片 参见尺寸图（mm） 1000×64×67.1	

续表

组件名称	规格参数
光源	总功率：41W 光束角：60°×60° 透镜：硅透镜 色温：全彩 RGB 变色 平均寿命：30000h（初始流明下降到 70％时） BCP420 18xLED-HB/RGB 60x60
电源	类别：直流电源 功率因数：≥0.95 输入电压：100～240VAC±10％； 额定频率：50/60Hz 谐波含量：THD≤5％ 工作环境温度：−20～50℃ 平均寿命：≥25000h 防触电保护等级：Ⅰ级 安装位置：灯具内
安装位置	体育场挑檐底部

注：最终选定的灯具外观、颜色、尺寸、配光等需经设计方照明设计师的确认。

LED 线型轮廓灯（主体育场）　　　　　　　　　表 8-4

组件名称	规格参数
灯体	灯体材料：高压铸铝/工程塑料 密封胶圈材料：耐紫外老化硅橡胶 连接件材料：耐紫外老化硅橡胶 透光材料：PC 外观颜色：银灰色 灯具寿命：≥50000h 防护等级：IP65 电源：24V DC 灯具重量：2～6kg 配光：参照配光曲线图片 参见尺寸图（mm） 600/1200/2400×90×50
光源	类别：LED 总功率：9/18/36W 光束角：垂直 123°/水平 125° 透镜：PC 散射器 色温：全彩 RGB 变色 平均寿命：50000h（初始流明下降到 70％时）

续表

组件名称	规格参数
电源	类别：直流电源 功率因数：≥0.95 输入电压：100～240VAC±10%； 额定频率：50Hz 谐波含量：THD≤5% 输出电压：24V DC 工作环境温度：－20～50℃ 平均寿命：≥50000h 防触电保护等级：Ⅰ级 安装位置：灯具外
安装位置	体育场顶面

注：1. 最终选定的灯具外观、颜色、尺寸、配光等需经设计方照明设计师的确认。
　　2. 灯具自带 220V/24V 的适配器。

LED 投光灯　　　　　　　　　　　　　　　　　　　　　　　　　表 8-5

组件名称	规格参数
灯体	灯体材料：高压铸铝 密封胶圈材料：耐紫外老化硅橡胶 连接件材料：耐紫外老化硅橡胶 透光材料：高强度钢化玻璃 外观颜色：深灰色 灯具寿命：≥50000h 防护等级：IP66 电源：100～240VAC±10% 配光：参照配光曲线图片 外形尺寸： 参见尺寸图（mm） 733×196×350
光源	类别：LED 总功率：130W 光束角：63° 透镜：特种附加透镜 色温：全彩 RGB 变色 平均寿命：50000h（初始流明下降到 70%时）
电源	类别：直流电源 功率因数：≥0.95 输入电压：100～240VAC±10%； 额定频率：50/60Hz 谐波含量：THD≤5% 工作环境温度：－20～50℃ 平均寿命：≥50000h 防触电保护等级：Ⅰ级 安装位置：灯具外
安装位置	体育场内钢构顶梁

注：最终选定的灯具外观、颜色、尺寸、配光等需经设计方照明设计师的确认。

<table>
<tr><td colspan="2" align="center">LED 线型洗墙灯（主体育场）</td><td align="right">表 8-6</td></tr>
</table>

组件名称	规格参数
灯体	灯体材料：挤压铝灯体 密封胶圈材料：耐紫外老化硅橡胶 连接件材料：耐紫外老化硅橡胶 透光材料：高强度钢化玻璃 外观颜色：银灰色 灯具寿命：≥25000h 防护等级：IP65 电源：100～240VAC±10% 配光：参照配光曲线图片 外形尺寸： 参见尺寸图（mm） 1000×64×67.1
光源	类别：LED 总功率：41W 光束角：60°×60° 透镜：硅透镜 色温：全彩 RGB 变色 平均寿命：30000h（初始流明下降到 70% 时）
电源	类别：直流电源 功率因数：≥0.95 输入电压：100～240VAC±10%； 额定频率：50/60Hz 谐波含量：THD≤5% 工作环境温度：－20～50℃ 平均寿命：≥25000h 防触电保护等级：Ⅰ级 安装位置：灯具内
安装位置	体育场首层护栏

注：最终选定的灯具外观、颜色、尺寸、配光等需经设计方照明设计师的确认。

<table>
<tr><td colspan="2" align="center">空中玫瑰（主体育场）</td><td align="right">表 8-7</td></tr>
</table>

组件名称	规格参数
灯体	品牌：国际知名品牌 灯体材料：高压铸铝 透光材料：玻璃 外观颜色：黑灰（铝合金型材静电喷涂处理） 灯具寿命：100000h 防护等级：IP65 配光：光束夹角 0.6°～0.8°，光柱大小可调节 尺寸：长 530mm，宽 810mm，高 900mm 重量：85kg

续表

组件名称	规格参数
光源	类别：超高压球形短弧氙灯 射程：约 2～5km 总功率：5000W 光束角：光束夹角 0.6°～0.8°，光柱大小可调节 色温：6000K 平均寿命：800h
电源	与光源相匹配的国际知名品牌电器
其他	颜色：白、红、黄、绿、蓝单色 光束：可单束光、平行光、多束光，光斑大小可调，防雷 射程：3～5km
安装位置	体育场顶面

注：最终选定的灯具外观、颜色、尺寸、配光等需经设计方照明设计师的确认。

3. 关键节点及详图

节点设计是工程设计中的重要环节，是工程实施、落地的关键。湛江奥林匹克体育中心的部分详图如图 8-39～图 8-44 所示，供读者参考。

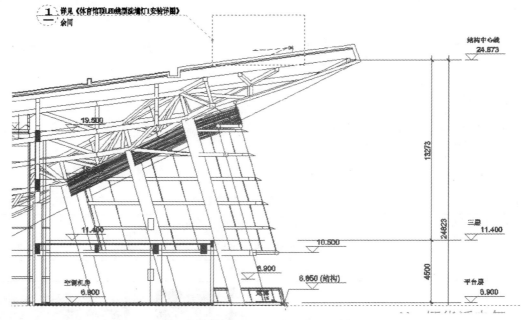

图 8-39　体育馆 LED 线型洗墙灯剖面图

4. 控制技术

控制系统：配电箱内设置智能继电器及交流接触器加以智能照明集中控制，智能照明集中控制的主机安装于体育场灯光控制室内，智能继电器之间及主控器与智能继电器之间采用超五类网线通信。

体育场、体育馆、游泳馆和球类馆的所有 RGB 灯具（不包含探照灯）需达到四馆联动的全彩动态变换效果，整个系统设 1 只总控制器 SLM、1 台以太控制面板、1 台工控机电脑、7 台控制箱（KX-1～KX-7），44 只协议转换器 MPC、44 只信号放大器；其中 KX-1 控制箱、总控制器 SLM、以太控制面板、电脑主机安装于体育场灯光控制室内，KX-2～

KX-4 控制箱安装于体育场马道处，KX-5～KX-7 控制箱分别安装于体育馆、球类馆和游泳馆的马道处，信号放大器安装于灯具附近，每条信号回路所接灯具不多于 25 只；每个信号回路不超过 300m，交换机与交换机之间采用 6 芯铠装单模光纤通信，交换机于其他设备之间采用超五类网线通信，协议转换器与信号放大器以及信号放大器与灯具之间采用 RVVSP2×0.5-SC15 电缆进行信号通信，灯具附近设不锈钢接线盒。

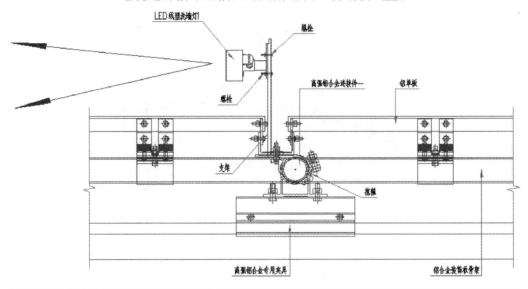

图 8-40　体育馆 LED 线型洗墙灯节点 1 详图

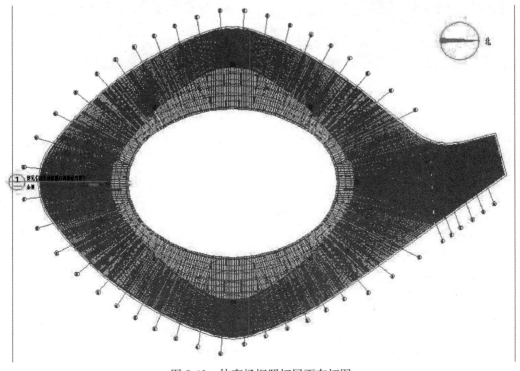

图 8-41　体育场探照灯屋面布灯图

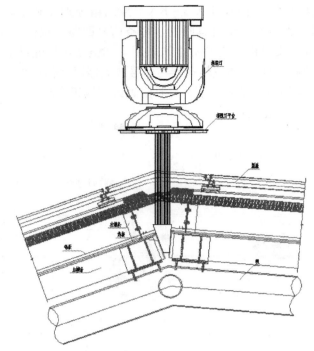

图 8-42　体育场探照灯节点详图

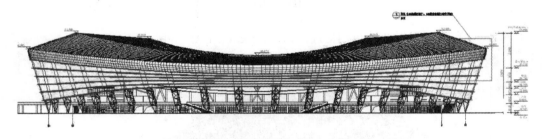

图 8-43　体育场 LED 线型洗墙灯、轮廓灯立面图

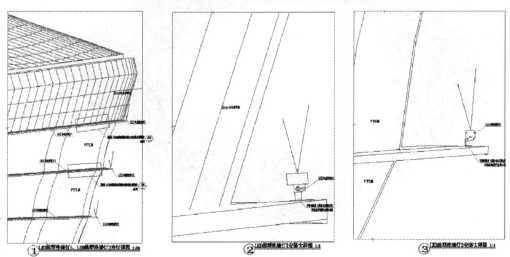

图 8-44　体育场 LED 线型洗墙灯、轮廓灯节点详图

探照灯控制系统采用统一的舞台灯光集中控制，在体育场灯光控制室设 1 台舞台灯光控制器，若干只信号放大器对体育场屋面和户外绿地上的探照灯实现彩色变化和摇摆动作的实时集中控制，采用 RVVSP2×0.5 屏蔽双绞线进行信号通信，距离超过 120m 则需增加信号放大器，对控制信号进行放大。以便对探照灯实现良好的彩色变化和摇摆动作的实时集中控制（图 8-45、图 8-46）。

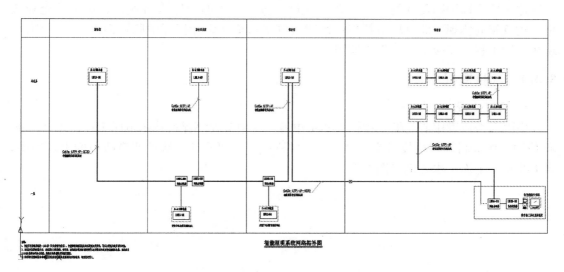

图 8-45　智能照明系统网络拓扑图

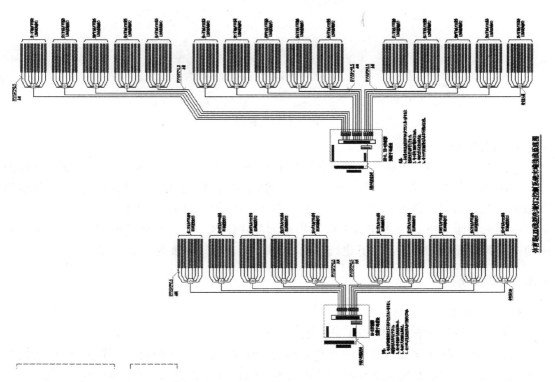

图 8-46　体育场 LED 线型洗墙灯控制系统末端接线原理图

8.3　公共建筑照明案例——中国人寿研发中心一期工程照明设计

这是 CCDI 精品设计，一座获得多项荣誉的绿色建筑：三项 LEED 铂金奖、中国建筑设计一等奖，同时满足中国、美国数据中心最高标准，这座神奇的建筑就是中国人寿研发中心。

这个项目以中国传统的"玉·印"为设计理念，表明中国人寿诚信、保障的企业文化。建筑布局体现了北京城市特点，该建筑方案在全球设计招标中脱颖而出，一举中标。现在一期工程已经竣工，并投入使用。

8.3.1　项目概况

1. 项目位置

中国人寿研发中心一期工程位于北京市海淀区中关村环保科技示范园 E-05、F-04、F-05 地块。中关村环保科技示范园位于中关村科技园区西北部，地处北京西山的大环境中，属于北京的上风上水之地（图 8-47）。

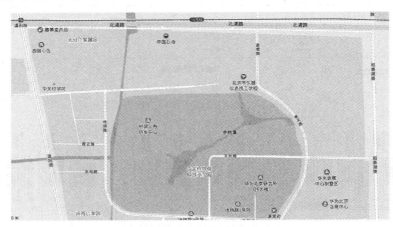

图 8-47　位置图

2. 设计内容

中国人寿研发中心包括：计算机机房区、灾备管理区、电子档案管理区、综合管理办公区、研发办公区、测试办公区、培训区、后勤保障管理办公区、后勤服务区、值班培训住宿区、能源动力设备区、停车区等。本次设计为研发中心的一期工程。

中国人寿研发中心一期建筑工程总用地面积 78113.3m²，总建筑面积 240058m²：其中地上建筑面积 93736m²，地下建筑面积 146322m²，建筑高度为 18m（图 8-48）。

8.3.2　设计篇

1. 设计概念

（1）建筑设计理念："玉·印"的设计概念

建筑的形体设计突破了常规的办公空间设计理念，设计灵感来自中国传统的玉文化与印文化。玉与印的结合完美地阐释了中国人寿"诚信为本、以人为本"的企业文化，通过注入中国元素显示了中国人寿作为寿险行业所体现的诚信与保障。

图 8-48 项目全景

（2）照明设计理念

简洁——体现出建筑结构的特点。

现代——体现"未来感、科技感、人文关怀、环保理念"。

少即是多——照明采用简洁、统一的元素；通过色温及明暗的变化来体现层次感、空间感；用技术和艺术相结合的手法营造高品质的光环境（图 8-49）。

图 8-49 照明设计全貌

2. 设计目标

中国人寿研发中心的设计目标是"国际先进，国内一流"，项目总建设原则是"先进、超前、适用、节约、环保、节能"。在设计中充分考虑本项目的性质，在使用上符合安全性、可靠性、可管理性、灵活性及先进性的要求，在功能上符合实用性、合理性的要求。体现出功能与环境的统一。

本项目照明设计重点为舒适度，在展现建筑形体艺术美的同时，严格控制眩光的产生。重点关注人们的健康和情绪，通过适量的灯具、合理的布置、适当的色温和亮度，营造出舒适的氛围（图 8-50）。

图 8-50　立面照明效果

3. 外立面照明

A、C 座外立面的照明内敛含蓄，又体现出建筑的特点，B 座由于考虑到 LEED 认证，外立面未做照明。

A 座照明方式，在每个百叶窗，上下分别安装了 LED 洗墙灯具，通过 2700K 柔和的光将内衬黄铜色肌理的百叶窗户打亮，展现出大气的金黄色，让建筑在夜间的形象稳重、大气（图 8-51）。

图 8-51　晚上的照明效果

照明灯具的安装大样及灯具选型见图 8-52 和表 8-8。

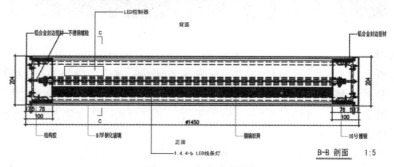

图 8-52　安装大样图

	灯具选型表 表 8-8		
组件名称	**规格参数**		
灯体	品牌：国际知名品牌 灯体材料：铝型材 透光材料：透明钢化玻璃 外观颜色：灰铝色（RAL9007） 密封胶圈材料：耐紫外老化硅橡胶 防护等级：IP20 电源：24VDC 使用寿命：≥10 年 外形尺寸：长：1250mm 　　　　　宽：40mm 　　　　　高：65mm		
光源	类别：LED 品牌：国际知名品牌 透镜：进口光学级透镜 数量：45 单颗功率：1W 总功率：45W 色温：2700K 平均寿命：50000h（初始流明下降到70％时）		
透镜	选用进口光学级透镜，光束为椭圆光分布 5°/45°（灯具短边方向 5°，长边方向 45°），透光效率：≥85％		

C 座照明方式，在立面的凹槽处，上下分别安装了 LED 透光灯具，洗亮凹槽，体现出建筑立面的特色，与 A 座相互呼应，使得整片建筑完美体现（图 8-53、图 8-54）。

图 8-53　C 座立面照明

177

图 8-54　纯净舒适的内透光

安装大样图如图 8-55 所示，灯具选型见表 8-9。

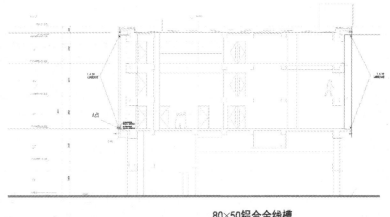

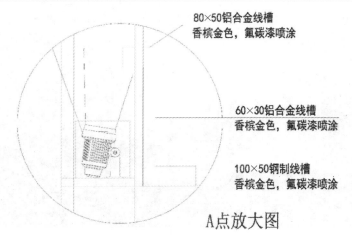

80×50铝合金线槽
香槟金色，氟碳漆喷涂

60×30铝合金线槽
香槟金色，氟碳漆喷涂

100×50钢制线槽
香槟金色，氟碳漆喷涂

A点放大图

图 8-55　安装大样图

灯具选型 表 8-9

组件名称	规格参数
灯体	品牌：国际知名品牌 灯体材料：压铸铝 密封胶圈材料：耐紫外老化硅橡胶 连接件材料：不锈钢 透光材料：透明钢化玻璃 外观颜色：白铝色（RAL9006） 光束角：15° 防护等级：IP66 电源：220V/50Hz 灯具寿命：≥10 年 外形尺寸：参见尺寸图  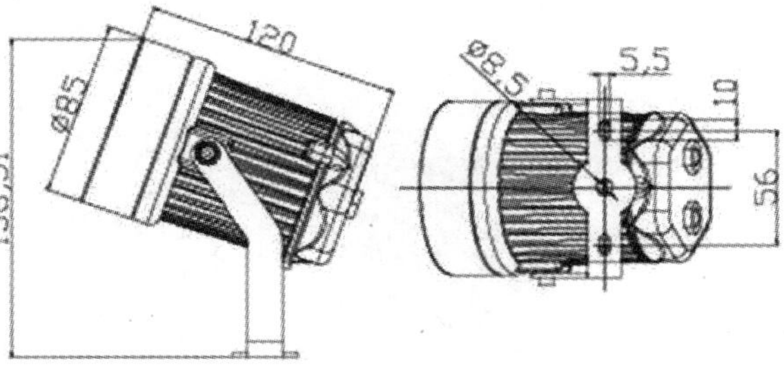
光源	类别：LED 品牌：国际知名品牌 透镜：进口光学级透镜 数量：3 单颗功率：3W 总功率：9W 总光通量：311lm 色温：2800K 平均寿命：50000h（初始流明下降到70％时）

4. 室内照明

每天 8h 工作时间内，人的诉求会变，有时候需要安静思考，有时候需要休息，因此照明的可变性很重要。在这里选择智能控制系统，对临窗位置的灯具进行光亮度的调节，以达到更好的使用需求及节能的目的。照明色温采用了 4000K 色温，灯光氛围是简洁明亮的。在节能方面考虑了使用感光系统，靠窗的办公区域可根据室外的光线变化调节室内灯光的明暗。

不同的入口大厅，无论空间、材质如何变化，结合日光为大厅提供均匀、明亮的照明，为了达到这一效果，在选择灯具时应格外注意，确保其光线的统一和对光色一致的要求（图 8-56）。

C 座大堂，宽敞、干净、整洁的大堂，照明以筒灯加灯带方式，更好地与室内装饰融为一体（图 8-57）。

安静、舒适的等待休息区，良好的明暗对比（图 8-58）。

多功能厅，通过调光设置了不同的灯光场景模式，可根据使用需求任意选择，对安装在天花上的灯具进行光强度、色彩的调节，以满足多功能厅不同的使用要求（图 8-59、图 8-60）。

图 8-56　连廊及入口

图 8-57　主入口大厅

图 8-58　等待休息区

图 8-59 多功厅能（1）

图 8-60 多功能厅（2）

　　开敞办公区，靠窗的办公区域使用感光系统，可根据室外的光线变化调节室内灯光的明暗或开闭；内侧的灯具照常点亮（图 8-61）。

图 8-61 办公区

181

培训教室的灯光简洁、明亮（图 8-62）。

图 8-62　培训教室

控制中心，是一个非常重要的空间，工作人员会长时间在没有阳光的环境下工作，人工光就显得尤为重要了。整个空间需要有足够的照度，空间的亮度比又不能太大，同时还要准确地控制眩光，要让使用者保持足够的注意力（图 8-63、图 8-64）。

图 8-63　控制室

图 8-64　会议室

干净整洁的走廊，每次通过都是一种回归自然的享受（图 8-65）。

图 8-65 走廊

参观走廊，与一般建筑不同，需要有宽敞的走廊，满足多人行走时的舒适度（图 8-66）。

图 8-66 参观走廊

　　VIP 餐厅装饰吊灯为主照明，筒灯为辅助照明，上下出光的装饰吊灯，灯光柔和，同时照亮天花，使整个空间非常有层次，美感和功能的实现体现出每个细节（图 8-67）。

图 8-67　VIP 餐厅

　　员工餐厅，圆形的天窗和线条光带为餐厅带来舒适的光线，再结合简洁餐桌，在这里吃饭一定是件非常惬意的事情（图 8-68）。

图 8-68　员工餐厅

　　员工用茶水间，白天会有自然光进入，结合暗藏灯带、天花上的小角度筒灯，会带来不同于办公区的感受，在这里可以稍作放松（图 8-69）。

　　卫生间，又一个非常重要的空间，良好的照明不仅在镜前带来良好的体验，还能带来轻松愉快的心理感受（图 8-70）。

　　游泳馆天花两侧灯槽及边缘的两排小功率筒灯，为整个馆提供了基础照明，游泳时几乎感觉不到眩光，天花上散布的星光，置身于这样的空间，绝对是一种享受（图 8-71）。

图 8-69 茶水间

图 8-70 卫生间

图 8-71 游泳池

室内精装区域以研发、办公空间为主，设计重点营造舒适的光环境，员工能在其中展现出良好的工作状态，照明灯具与天花、设备完美结合，目的是使置于其中的人们忽略掉灯光，只感受到舒适的光环境。

灯具选择与最终产品的应用，都是比较理想的，灯具的控光非常好，在室内几乎看不到眩光。

8.3.3　结束语

该工程已经竣工验收并投入使用，设计的实现度较高，实际效果良好，令业主、设计等各方满意，总结可以得出以下经验：

（1）精心设计，并反复与建筑师、室内设计师、业主沟通和配合，达成一致。

（2）优良的产品是质量的保证。

（3）精心施工，注重细节，精益求精。

（4）工地配合也是重要的环节。

8.4　澳门 Morpheus 酒店照明控制案例分析

8.4.1　工程概要

Morpheus 是澳门新濠天地旗舰酒店，是开发商新濠旅游和娱乐旗下的"综合娱乐"度假村。为提升客户体验并提高管理效率，公司管理层决定使用广州河东（简称：HDL，下同）智能酒店解决方案将 Morpheus 的所有客房和公共区域全部智能化。酒店的公共区域、客房使用 Buspro 系统来实现灯光、空调和遮阳的控制。酒店的灯光效果由英国的 ISOME-TRIX 公司设计，HDL 提供解决方案和设备，香港 HDL 经销商 LivingTech（Asia）Ltd 实施，2018 年工程完成。灯光效果与建筑设计结合在一起，让人如入科幻之境（图 8-72）。

图 8-72　Morpheus 酒店外景

8.4.2　澳门 Morpheus 酒店

以"打破建筑传统"为目标的扎哈·哈迪德，一直在实践着让"建筑更加建筑"的思想，她的建筑设计风格一向以大胆前卫的造型出名，被称为建筑界的"解构主义大师"。里斯大学的建筑学教授卡洛斯·吉门内兹曾这样评价扎哈·哈迪德女士的贡献："她让建筑成为都市精力的虹吸管，让我们看到了城市生命力的喷薄和流动。"

澳门Morpheus酒店所展现的超出现实思维模式的、突破式的新颖风格，正好倾力诠释了扎哈·哈迪德女士所独有的设计风格。

Morpheus酒店以"梦境之神"命名，白色自由形态的外骨骼结构包裹住了整栋大楼的外观，在纵横交织的曲线中透出浓厚的科技感。整栋酒店耗资65亿人民币，旨在为所有游客塑造一种将享乐主义进行到极致的氛围（图8-73）。

图8-73　建筑的局部效果

8.4.3　项目效果

HDL定制化智能酒店解决方案已全部实施到所有客房和公共区域，旨在控制整个酒店的照明、遮阳和空调。

1. 客房

客房始终是所有酒店解决方案的焦点，HDL根据酒店方对客房空间的设计要求，为其定制了全面的智能客房解决方案。

HDL工程师通过RCU和IOU模块实现了对客房内灯光、窗帘、空调及电视的智能控制，并设定了多种场景模式，如客人进入客房时，系统将自动开启欢迎模式，打开房间内的灯光和窗帘，并将空调调节到一个舒适的温度；当客人想要看电视时，开启多媒体电视模式即可，电视开启后，系统将自动调暗灯光的亮度，让房间内呈现出柔和的光线氛围。

HDL还为每间客房配备了智绚S4.3寸触摸屏控制面板，面板正面被一块玻璃完全覆盖，没有任何物理按键，简约精致的外观可以完全融入客房的装修设计中；此外，面板内置温度传感器和距离传感器，客人只需在面板上方轻轻挥手就可唤醒屏幕，轻松操控房间内已经接入 HDL 智能控制系统的电器设备（图 8-74、图 8-75）。

图 8-74 客房的效果

图 8-75 触摸屏控制面板

2. 公共区域

除了客房之外，酒店管理层也非常重视酒店公共区域的智能控制。在公共区域使用的灯光控制技术包括 0～10V 调光、DALI、前沿调光、后沿调光等。

酒店的工作人员可以通过智能面板、iPad 或手机 APP 来控制不同区域的照明，而不用逐层检查，节省了大量人力资源。

用户也可以根据自己的具体要求选择不同的控制模式。以酒店大堂为例，如果自然光线较暗，系统将自动调节到明亮模式，增加大厅的照明强度，以确保适宜的照明环境。同时，空调也将根据整体环境温度调整到舒适的室温（图 8-76～图 8-78）。

图 8-76 大堂的效果

图 8-77 走廊的效果

图 8-78 俯视大堂的效果

8.4.4　系统配置

Morpheus 酒店采用以下 Buspro 系列产品，包括智能控制面板、调光器、继电器、Mosfet 功率放大器、幕帘控制模块、双向可控硅恒流模块、RCU 混合控制执行器、512CH DMX 场景控制器、空调控制模块、RS232/RS485 网关、HDL Buspro 系统网关、酒店输入/输出模块、电源模块、逻辑控制模块等，详细技术参数见本书附录 5。

Buspro 是 HDL 自主研发的智能控制系统，可以与常见的电器设备连接，让用户通过墙装面板、手机、平板电脑等对设备进行控制；Buspro 的系统功能覆盖照明、遮阳、空调、地板供暖、家庭娱乐、安全与安防等方面，搭建一体化的智能解决方案，广泛应用于住宅、楼宇及酒店等。

8.4.5　项目总结

由于所有的安装工作都已完成，并成功被 Morpheus 验收，Morpheus 酒店于 2018 年6 月 15 日正式开始营业。HDL 将持续稳定地为酒店智能控制保驾护航，致力于为每一位游客带来轻松愉悦的入住体验。

8.5　乌鲁木齐地铁 1 号线照明项目

8.5.1　工程概要

乌鲁木齐轨道交通 1 号线工程南起南郊客运站东侧的三屯碑站，终点位于地窝堡处的国际机场站，全线长约 27.615km，共设置车站 21 座，全部为地下站。工程于 2017 年开工建设并于 2018 年 12 月竣工。

本项目灯具数量超过万套，灯带 6000 多米，其中途悦系列筒灯 2 万多套，途悦系列灯盘接近 2 万套，灯具技术参数详见本书附录 5。

8.5.2　各部位照明方案

地铁入口处设置过渡照明，既考虑到过渡室内外的光环境的同时，又能给予乘客明确显示入口位置的指引（图 8-79）。

站厅通道照度充足，视野开阔。使用大功率、高亮度 LED 灯具在转角处提供优质的照明条件，消除暗影，使得即使在上下班高峰期大量人群涌入的同时，都能拥有良好的照度，从而避免因光线不足而导致踩踏等事故（图 8-80）。

站厅区通透明亮，进出有序。由于空间高度变化范围较大，因此需要定制化灯具。通过精密计算，在不同高度的空间将定制的灯具，配合不同的安装间距，达到规范要求的照度，提高了乘车的安全性和乘客的舒适度（图 8-81）。

站台区线性布光，宽阔通畅。站台边缘的照明，有对站台危险的警示作用。通常站台边缘的照度比站内更高、更亮，且呈线性布光，对乘客警示靠近站台危险的同时，也照亮隔离门上方路线站点图，方便乘客获知线路信息（图 8-82）。

图 8-79　地铁入口处照明

图 8-80　站厅通道处照明

图 8-81　站厅区照明

图 8-82 站台区照明

8.5.3 结论

经过数月的实际运行，乌鲁木齐轨道交通 1 号线照明工程取得了满意的效果，得到业主、乘客的赞赏。下一步将跟踪照明的效果，及时反馈使用信息，为以后类似工程设计、建设积累经验。

附录1 关于 BHTalk

  BHTalk 是我国建筑电气知名专家李炳华先生的个人公众号——"炳华话电气"。始创于 2015 年 12 月，目的是为在校大学生、年轻电气工程师免费进行建筑电气技术咨询、辅导；与建筑电气同行就电气技术问题进行沟通、交流；分享技术研究成果；介绍最新电气技术动态；与读者进行技术互动、答疑；积极倡导健康、快乐生活，工作、生活两不误。

  自创建以来，截止到 2018 年底，BHTalk 推出各类文章超过 860 篇，平均 1.3 天推送一篇文章，其中 95％以上为技术文章，包括供配电系统、电气照明、电击防护、防雷接地、绿色节能、智能化系统、快乐生活等内容。就建筑物类型划分，推送的文章包括体育建筑、商业建筑、办公建筑、酒店、住宅建筑、超高层建筑、数据中心、能源站等。内容丰富，数据真实，为建筑电气行业提供技术交流的平台。截止到 2018 年底，该公众号共有粉丝近 12000 余人，受益者众多。

  欢迎建筑电气行业的从业人员关注 BHTalk，积极进行技术交流。

BHTalk
炳华话电气

附录 2　北京奥林匹克网球中心钻石场地调研报告

时间：2017 年 6 月 29 日

地点：北京市国家网球中心钻石球场

调研人员：李炳华、董青、罗涛、覃剑戈、贾佳等

目的：对北京市国家网球中心钻石球场的 LED 灯照明系统进行实地调研，并通过 FLUKE 435B 多功能测试仪对钻石球场的照明配电系统进行了谐波、功率、电压和电流具体参数的测量，了解高等级场馆 LED 场地照明系统的电气特性，为 2022 年冬奥会场馆建设提供经验和帮助。

引言：钻石球场，即中国网球公开赛（CHINA OPEN）中央球场，位于北京市国家网球中心，于 2011 年投入使用，建筑面积 5 万多 m^2，该场馆外形似钻石，屋顶可开启，由 4 片钢板组成的"钻石"顶棚采用了弓式拱架轻钢结构专利技术。这座球场的硬件设施可与大满贯赛任何一座中央球场相媲美，是可全天候进行文体活动的亚洲最大规模网球场馆。

2.1　钻石球场 LED 灯照明系统

钻石球场的照明灯具采用了 MUSCO 630W/220V 的 LED 灯，灯具数量为 128 套，沿着"可开合"顶棚的马道布置了一圈（附图 2-1、附图 2-2）。

附图 2-1　所使用的 LED 灯具

钻石球场的照明采用了计算机智能照明控制，只需在手机上下载对应的 MUSCO 照明控制 APP 就能对整个钻石球场的照明系统进行控制，可调光，与场内观众形成互动，开

幕式时还可以与演出的照明联网。最有特点的一种是灯光能随着场地播放的音乐节奏变化而变化，展现出多种灯光效果，类似音乐灯光秀（附图 2-3）。

附图 2-2　钻石场地全貌

附图 2-3　可开启屋顶关闭时的情形

场地主要技术参数：

（1）主摄像机方向的垂直照度：2200lx。

（2）主摄像机方向的垂直照度的均匀度：$E_{vmin}/E_{vmax}=0.86$。

（3）一般显色指数：$Ra=75$。

（4）相关色温：$T_k=5700K$。

2.2　场地照明配电系统的参数测量

进入到位于钻石场地顶层的照明控制室，这里能用面板开关切换场地灯光模式，分为高清模式（100％）、中网模式（85％）、重大国际赛事模式（70％）、国家比赛模式（50％）、专业比赛模式（35％）和训练模式，比较方便、直观（附图 2-4）。

附图 2-4 面板开关和触摸屏控制

打开照明配电柜，利用 FLUKE 多功能仪表对 LED 灯的参数进行测量（附图 2-5）。

附图 2-5 测试现场

2.2.1 高清模式下的电气参数

高清模式下的电气参数如附图 2-6 所示。

功能	L1N(V) Min L1(A) Min	L1N(V) Avg L1(A) Avg	L1N(V) Max L1(A) Max
Vrms ph-n	235.42 V ()	235.54 V ()	235.64 V ()
Vrms ph-ph	407.56 V ()	407.78 V ()	407.94 V ()
Arms	57.9 A	58 A	58.1 A
频率	49.966 Hz ()	49.968 Hz ()	49.971 Hz ()
峰值电压	334.6 V ()	334.8 V ()	335 V ()
峰值电流	84.2 A ()	84.8 A ()	86.2 A ()
V 峰值因数	1.42	1.42	1.42
A 峰值因数	1.45	1.46	1.48

功能	L1N(V) Min L1(A) Min	L1N(V) Avg L1(A) Avg	L1N(V) Max L1(A) Max
有功功率	-13.62 kW	-13.6 kW	-13.6 kW
视在功率	13.68 kVA	13.68 kVA	13.68 kVA
无功功率	1.08 kvar	1.1 kvar	1.14 kvar
PF	-0.99	-0.99	-0.99
谐波功率	0 kVA	0.08 kVA	0.54 kVA

附图 2-6 测试数据

其中：

Vrms ph-n：相电压有效值（V）；

Vrms ph-ph：线电压有效值（V）；

Arms：相电流有效值（A）；

V 峰值因数：峰值电压与相电压有效值（Vrms ph-n）之比；

A 峰值因数：峰值电流与相电流有效值（Arms）之比。

从图中可以得出：

（1）电压、电流比较平稳

相电压最小值与最大值之比为：Vrms ph-n-min/Vrms ph-n-max＝235.42/235.64＝0.9991；

相电流最小值与最大值之比为：Arms-min/Arms-max＝57.9/58.1＝0.9966。

（2）频率约等于额定频率

《电能质量　电力系统频率偏差》（GB/T 15945—2008）规定，电力系统正常频率偏差允许值为 0.2Hz。当系统容量较小时偏差值可以放宽到 0.5Hz。本次测量平均频率偏差为 50－49.968＝0.032Hz，满足国标的要求。

（3）近似正弦波

无论电压还是电流，都接近正弦波，电压峰值因数为 1.42，更接近纯正弦波的 $\sqrt{2}$。

（4）谐波功率可以忽略不计

测试表明，平均谐波功率只有 0.08kVA，对于 13.68kVA 的平均视在功率来说可以忽略不计。因此，PF 也达到了 0.99 的高值。

（5）有功功率为负值

由于场馆中没有发电的设备，测试时也没有电动机运行，有功功率出现负值应该是测量仪表接线有误。因为电流是有方向的，仪表接反后有功功率会出现负值。

2.2.2 各种灯光模式下的谐波情况

（1）带有 UPS 的照明配电系统

第一次测量，在连接 UPS 的情况下得到高清模式下的谐波数据，数据显示 5 次和 7

次谐波增加明显（注：第一条柱状图为 THD_i），见附图 2-7、附表 2-1。

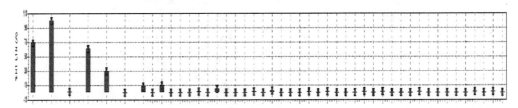

附图 2-7　带有 UPS 的照明配电系统谐波柱状图

带有 UPS 的照明配电系统谐波数据　　　　　　附表 2-1

THD_i	谐波次数	基波	3 次	5 次	7 次	9 次	11 次	13 次	15 次	17 次	19 次
69.34	电流（A）	73.418	1.093	44.764	21.915	0.231	6.51	7.336	0.086	1.135	3.444
	占比（%）	100	1.4	60.84	29.67	0.27	8.68	9.97	0.09	1.43	4.66

（2）没有 UPS 的照明配电系统

第二次测量，在未连接 UPS 的情况下得到高清模式下的谐波数据，数据显示谐波较为正常，THD_i 大幅度减小（注：第一条柱状图为 THD_i），见附图 2-8、附表 2-2。

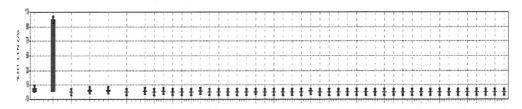

附图 2-8　不带 UPS 的照明配电系统谐波柱状图

不带 UPS 的照明配电系统谐波数据　　　　　　附表 2-2

THD_i	谐波次数	基波	3 次	5 次	7 次	9 次	11 次	13 次	15 次	17 次	19 次
5.208	电流（A）	57.96	0.478	1.775	1.33	0.101	0.72	1.191	0.037	0.68	0.46
	占比（%）	100	0.824	3.062	2.294	0.174	1.242	2.054	0.064	1.174	0.794

（3）没有 UPS 的照明配电系统在不同模式下的谐波情况

接下来测量的是没有 UPS 的照明系统各个模式下的谐波数据，详见附表 2-3。

没有 UPS 的照明配电系统在不同照明模式下的谐波数据　　　　　　附表 2-3

钻石球场灯光模式		高清模式100%	中网模式85%	重大国际赛事70%	国家比赛50%	专业比赛35%	训练
THD_i（%）		5.2	5.7	6.7	5.0	8.7	10.3
基波	电流（A）	58	49.5	39	55.3	25.9	20.5
	占比（%）	100	100	100	100	100	100
3 次谐波	电流（A）	0.5	0.5	0.5	0.5	0.4	0.3
	占比（%）	0.8	0.9	1.2	0.8	1.6	1.5
5 次谐波	电流（A）	1.7	1.6	1.4	1.6	1.2	1.2
	占比（%）	3	3.2	3.5	3	4.8	5.7
7 次谐波	电流（A）	1.3	1.3	1.4	1.3	1.3	1.2
	占比（%）	2.3	2.7	3.7	2.3	5.2	5.7

钻石球场灯光模式		高清模式 100%	中网模式 85%	重大国际赛事 70%	国家比赛 50%	专业比赛 35%	训练
9次谐波	电流（A）	0.1	0.1	0.1	0.1	0.1	0.1
	占比（%）	0.2	0.2	0.2	0.2	0.4	0.5
11次谐波	电流（A）	0.7	0.6	0.5	0.6	0.5	0.4
	占比（%）	1.2	1.2	1.3	1.1	1.8	2.2
13次谐波	电流（A）	1.2	1.1	1	1.1	0.9	0.9
	占比（%）	2	2.3	2.7	2	3.6	4.6
15次谐波	电流（A）	0	0	0	0	0	0
	占比（%）	0.1	0.1	0.1	0.1	0.2	0.2
17次谐波	电流（A）	0.7	0.6	0.3	0.7	0.1	0.1
	占比（%）	1.3	1.2	0.8	1.2	0.3	0.3
19次谐波	电流（A）	0.5	0.4	0.3	0.4	0.2	0.2
	占比（%）	0.8	0.7	0.8	0.7	0.9	1.2

2.3 总结

（1）钻石场地的场地照明系统安全可靠、技术先进、节能环保、控制灵活、变换多样，该系统与美国网球公开赛的场地照明是同一系统、同一技术，经过多年的使用验证，性能稳定、可靠。

（2）照明系统谐波含量较低，各种模式下 THD_i 在 10% 以下。

（3）带有 UPS 的照明系统谐波含量较高，主要为 5 次、7 次谐波较多，分别接近 61% 和 30%；11 次、13 次谐波次之。需要认真对待。

（4）建议：照明配电室中的面板开关（附图 2-4）增加防误操作措施。

附录 3 LED 照明控制系统温度测试报告

3.1 试验目的

由于大中功率 LED 照明控制系统的继电器模块及控制器一般安装在位于现场的控制箱（柜）里，散热条件差，夏季有的工程最高温度超过 60℃。需要对 LED 照明控制系统的设备进行高温及低温下的工作状态测试，以确保控制系统在极端环境条件下可正常、可靠和稳定工作，从而指导 LED 照明控制系统设计工作。

3.2 测试对象

LED 场地照明控制系统设备。本次测试以 DMX512 系统为研究对象，选择一个 12 路 16A 继电器模块和一个表演控制器进行满载情况下的测试，环境温度分别为 65℃、-40℃（附表 3-1）。

测试模块　　　　　　　　　　　　　　　　　　　　　　　附表 3-1

样品编号	HDL20170919-PY002
测试软件版本	HDL Buspro Setup Tool 2 V06.93B
12 路 16A 固件版本	HDL_V04.10U_2016/05/23
512 表演控制器固件版本号	HDL_MIRACLE_2010/09/16

3.3 单位

主持单位：CCDI 悉地国际。
参加单位：广州市河东电子有限公司。
地点：广州市河东电子有限公司测试中心。
注：该中心是 KNX 全球 16 个测试中心之一，中国只有两家，该中心是其中之一。

3.4 测试项目

测试项目见附表 3-2。

测试项目表 附表 3-2

类别	项目	页码	判定
低温老化测试	1.1 网络参数设置	2	□N/A □F ☒P
	1.2 配置信息设置	2	□N/A □F ☒P
	1.3 接线图	2	□N/A □F ☒P
	1.4 高温测试温度参数	2	□N/A □F ☒P
	1.5 高温老化时间	3	□N/A □F ☒P
	1.6 高温测试负载类型	3	□N/A ☒F □P
	1.7 低温测试温度参数	3	□N/A □F ☒P
	1.8 低温老化时间	3	□N/A □F ☒P
	1.9 低温测试负载类型	3	□N/A □F ☒P
	1.10 高温测试实际负载电流值	3	□N/A □F ☒P
	1.11 低温测试实际负载电流值	3	□N/A □F ☒P

3.5　测试过程及结论

测试结果见附表 3-3。

测试结果 附表 3-3

测试名称	产品参数设置		
测试类型	产品高低温老化功能		
测试设备	12 路 16A 继电器模块、512 表演控制器		
测试标准	HDL 产品说明书		
记录截图	图一 	图二 	
前置条件	已经设置配好设备地址、用面板能控制 12 路 16A 继电器和 512 表演控制器		
测试展开项	操作过程 测试数据及操作图	实际结果	结论
网络参数设置	用 hdl 管理软件 HDL Buspro Setup Tool 2 V06.93B 进行设置编辑		□F ☒P
配置信息设置	测试产品的固件版本信息：（1）12 路 16A 继电器 HDL_V04.10U_2016/05/23 ；（2）512 表演控制器 HDL_MIRACLE_2010/09/16		□F ☒P
测试接线图			□F ☒P

测试名称	产品参数设置		
高温测试温度参数		65.19℃ 95.6%	□F ☒P
高温老化时间	9 月 14 日 15：00～18：00 9 月 15 日 9：00～12：00		□F ☒P
高温测试负载类型	12 路 16A 继电器负载为 250W 卤素灯	512 表演控制器负载为舞台 LED 灯	□F ☒P
低温测试温度参数	-40.02		□F ☒P
低温老化时间	9 月 15 日 12：00～18：00		□F ☒P
低温测试负载类型	12 路 16A 继电器负载为 250W 卤素灯	512 表演控制器负载为舞台 LED 灯	□F ☒P
高温测试实际负载电流值	AC16.6A		□F ☒P

测试名称	产品参数设置		
低温测试 实际负载 电流值	AC16.6A		□F☒P

测试现场如附图 3-1 所示。

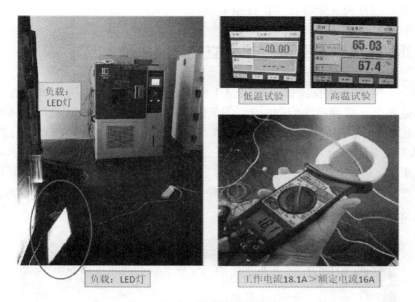

附图 3-1 试验现场

结论：经过高温＋65℃和低温－40℃各 6h 试验，16A 开关模块和 DMX512 调光模块可以正常、稳定工作。

附录 4 直流配电 LED 照明调研报告

时间：2018 年 10 月 23～24 日
地点：深圳
参加人员：
课题组成员：李炳华、董青、徐学民；
设计单位：周友娣（北京建筑设计研究院）

4.1 深圳建筑科学研究院的未来立方

23 日下午，首先抵达直流建筑联盟设于深圳建筑科学研究院的未来立方参观直流开放实验室示范项目。该项目廖闻迪博士为我们详细讲解了本项目中直流配电系统的设置情况。项目总建筑面积 500m²，市电采用 AC380V 供电，供电容量 30kW，另在楼顶安装 10kWp 光伏发电系统、分散蓄电。如附图 4-1 所示，配电系统采用南京国臣公司提供的二级直流母线形式，AC380V 市电经过 5 台交直变换器与光伏发电系统的输出并网输出至 DC540V 直流母线，再经过 2 台直流变换器输出 DC220V 为建筑中空调、照明、电脑及插座等用电设备供电。

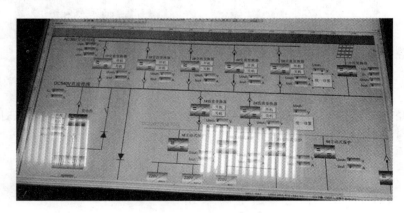

附图 4-1 直流配电系统示意

附图 4-2 是直流配电系统中的变换器、蓄电池组以及输入输出配电设备的现场照片。

实验室展厅还展出了一些直流家用电器，如电风扇、净化器、音箱、台灯等，此类直流配电需求侧的设备，构成了一个较完整的直流配电系统家电应用环境，如附图 4-3 所示。

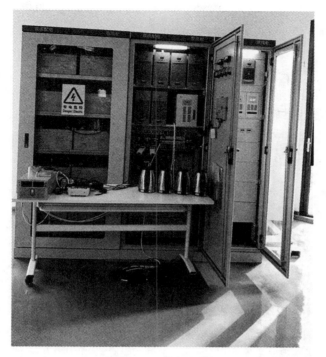

附图 4-2　直流配电柜

附图 4-3　直流家用电器

4.2　直流供电 LED 道路照明系统

23 日晚间，参观了桑达公司在深圳市南山区侨城东路的直流供电 LED 道路照明系统，大大改善了原有道路照明照度和均匀度偏低的问题，同时提高了配电线路的安全性，投入运行已一年半，节能效果显著（附图 4-4）。

附图 4-4　直流供电 LED 道路照明实景

该系统的电源由箱式变电站、直流控制柜等组成，附图 4-5、附图 4-6 中的直流控制

附图 4-5　直流供电 LED 道路照明系统电源装置

柜由短路保护电器、整流模块、防雷模块、输出保护电器、控制系统等组成，共采用 10 个整流模块，每个模块 3kW，共 30kW。直流系统额定电压 260V，调光 200～240V，可现场设置、控制，也可后台操作、控制，还可 APP 控制。调光为路灯经典的调光模式——按时间分级调光。

附图 4-6　直流供电 LED 道路照明系统直流控制柜

4.3　技术交流

24 日上午，在桑达公司又进行了直流配电技术交流，并从交流中获知，直流供电技术已经成为国家重点发展方向，800kV 超高压直流供电技术已为世界首创。直流供电 LED 照明系统已经在地铁隧道、市政道路照明中有较成熟应用。并在一些商业地产项目中推广应用，如苏州华润商业综合体项目有 6 万 m^2 商业采用 DC200～300V 直流供电 LED 照明，另外在一些容易遭受水淹的地库采用 48V 直流供电照明系统可以进一步提高安全性。对于整个建筑物的直流供电应用，在清华大学节能中心、深圳中美中心也在逐步推广应用。深圳供电公司对于直流供电技术推广应用予以大力支持，并为中美中心提供 2 路 10kV 直流电源。

总之，从本次调研了解到的情况可以看出，直流供电技术的发展和应用未来将有更广泛的前景。同时，直流供电系统与可再生分布式能源可以实现更完美的匹配，并为未来无中心扁平化群智能楼宇控制系统的发展提供条件。

附录 5　常用技术参数

5.1　Musco 主要产品资料

5.1.1　TLC-LED-400 灯具及驱动器

TLC-LED-400 灯具及驱动器技术参数见附表 5-1，不同电源电压下每盏灯最大工作电流见附表 5-2。

TLC-LED-400 灯具及驱动器技术参数　　　　　　　　附表 5-1

灯具参数			
	重量	40lb（18kg）	
	标准	符合 UL1598 CSA-C22.2 No.250.0	
	灯具防护等级	IP65	
	材料	铝材，表面喷粉涂层	
	最大风速	150mile/h（67m/s）	
	环境温度	50℃（122℉）	
光通维持率	L90（13.5K）（h）	＞81000	
	L80（13.5K）（h）	＞81000	
	L70（13.5K）（h）	＞81000	
	相关色温（K）	5700	
	显色指数（CRI）	75	90
	光通量（lm）	46500	35340
	外形尺寸（mm）	660×546×305，见附图 5-1	
驱动器参数			
	额定功率	额定功率包括驱动器效率损失	
	单个驱动器（W）	800	
	单个灯具（W）	400	
	每个驱动器带的灯具数量	2	
	启动（冲击）电流	＜40A，256μs	
	熔断器额定电流（A）	15	
	环境温度等级，UL，IEC	50℃（122℉）	
	效率	95％	
	调光模式	任选	
	能耗范围	26％～100％	
	光输出范围	30％～100％	

TLC-LED-400 灯具的工作电流　　　　　　附表 5-2

额定电压 AC（V）	200	208	220	230	240	277	347	380	400	415	480
额定频率（Hz）	50/60	60	50/60	50	50/60	60	60	50/60	50	50	60
每盏灯最大工作电流（A）	2.40	2.31	2.18	2.09	2.00	1.73	1.39	1.27	1.20	1.16	1.00

表中最大工作电流包括 0.90 最低功率因数、工作温度和 LED 光源制造公差等因素。

5.1.2 TLC-LED-600 灯具及驱动器

TLC-LED-600 灯具及驱动器技术参数见附表 5-3，不同电源电压下每盏灯最大工作电流见附表 5-4。

TLC-LED-600 灯具及驱动器技术参数　　　　　附表 5-3

灯具参数		
重量	40lb（18kg）	
标准	符合 UL1598CSA-C22.2No.250.0	
灯具防护等级	IP65	
材料	铝材，表面喷粉涂层	
最大风速	150mile/h（67m/s）	
环境温度	50℃（122℉）	
光通维持率	L90（13.5K）（h）	＞81000
	L80（13.5K）（h）	＞81000
	L70（13.5K）（h）	＞81000
相关色温（K）	5700	
显色指数（CRI）	75	90
光通量（lm）	65600	49856
外形尺寸（mm）	660×546×305，见附图 5-1	
驱动器参数		
额定功率	额定功率包括驱动器效率损失	
单个驱动器（W）	1160	
单个灯具（W）	580	
每个驱动器带的灯具数量	2	
启动（冲击）电流	＜40A，256μs	
熔断器额定电流（A）	15	
环境温度等级，UL，IEC	50℃（122℉）	
效率	95％	
调光模式	任选	
能耗范围	20％～100％	
光输出范围	25％～100％	

<table>
<tr><td colspan="12" align="center">TLC-LED-600 灯具的工作电流　　　　　　　　　附表 5-4</td></tr>
<tr><td>额定电压 AC(V)</td><td>200</td><td>208</td><td>220</td><td>230</td><td>240</td><td>277</td><td>347</td><td>380</td><td>400</td><td>415</td><td>480</td></tr>
<tr><td>额定频率（Hz）</td><td>50/60</td><td>60</td><td>50/60</td><td>50</td><td>50/60</td><td>60</td><td>60</td><td>50/60</td><td>50</td><td>50</td><td>60</td></tr>
<tr><td>每盏灯最大
工作电流（A）</td><td>3.54</td><td>3.40</td><td>3.22</td><td>3.08</td><td>2.95</td><td>2.56</td><td>2.04</td><td>1.86</td><td>1.77</td><td>1.71</td><td>1.48</td></tr>
</table>

表中最大工作电流包括 0.90 最低功率因数、工作温度和 LED 光源制造公差等因素。

5.1.3　TLC-LED-1150 灯具及驱动器

TLC-LED-1150 灯具及驱动器技术参数见附表 5-5，不同电源电压下每盏灯最大工作电流见附表 5-6。

TLC-LED-1150 灯具及驱动器技术参数　　　　附表 5-5

灯具参数		
重量	80lb（36kg）	
标准	符合 UL1598CSA-C22.2No.250.0	
灯具防护等级	IP65	
材料	铝材，表面喷粉涂层	
最大风速	150mile/h（67m/s）	
环境温度	50℃（122℉）	
光通维持率	L90（13.5K）(h)	>81000
	L80（13.5K）(h)	>81000
	L70（13.5K）(h)	>81000
相关色温（K）	5700	
显色指数（CRI）	75	90
光通量（lm）	121000	91960
外形尺寸（mm）	660×699×533，见附图 5-2	
驱动器参数		
额定功率	额定功率包括驱动器效率损失	
单个驱动器（W）	1150	
单个灯具（W）	1150	
每个驱动器带的灯具数量	1	
启动（冲击）电流	<40A，256μs	
熔断器额定电流（A）	15	
环境温度等级，UL，IEC	50℃（122℉）	
效率	95%	
调光模式	任选	
能耗范围	20%～100%	
光输出范围	25%～100%	

TLC-LED-1150 灯具的工作电流										附表 5-6
额定电压 AC（V）	200	208	220	230	240	277	347	380	400	415	480
额定频率（Hz）	50/60	60	50/60	50	50/60	60	60	50/60	50	50	60
每盏灯最大工作电流（A）	7.11	6.83	6.46	6.18	5.92	5.13	4.10	3.74	3.56	3.43	2.96

表中最大工作电流包括 0.90 最低功率因数、工作温度和 LED 光源制造公差等因素。

5.1.4　TLC-LED-1400NB 灯具及驱动器

TLC-LED-1400NB 灯具及驱动器技术参数见附表 5-7，不同电源电压下每盏灯最大工作电流见附表 5-8。

TLC-LED-1400NB 灯具及驱动器技术参数		附表 5-7
灯具参数		
重量	106lb（48kg）	
标准	符合 UL1598 CSA-C22.2 No.250.0	
灯具防护等级	IP65	
材料	铝材，表面喷粉涂层	
最大风速	150mile/h（67m/s）	
环境温度	50℃（122°F）	
光通维持率	L90（13.5K）（h）	>81000	
	L80（13.5K）（h）	>81000	
	L70（13.5K）（h）	>81000	
相关色温（K）	5700	
显色指数（CRI）	75	90
光通量（lm）	147000	111720
外形尺寸（mm）	ϕ660，见附图 5-3	
驱动器参数		
额定功率	额定功率包括驱动器效率损失	
单个驱动器（W）	1400	
单个灯具（W）	1400	
每个驱动器带的灯具数量	1	
启动（冲击）电流	<40A，256μs	
熔断器额定电流（A）	15	
环境温度等级，UL，IEC	45℃（113°F）	
效率	95%	
调光模式	任选	
能耗范围	20%～100%	
光输出范围	25%～100%	

TLC-LED-1400NB 灯具的工作电流										附表 5-8
额定电压 AC(V)	200	208	220	230	240	277	347	380	400	415	480
额定频率（Hz）	50/60	60	50/60	50	50/60	60	60	50/60	50	50	60
每盏灯最大工作电流（A）	8.16	7.85	7.42	7.10	6.80	5.90	4.71	4.30	4.08	3.94	3.40

表中最大工作电流包括 0.90 最低功率因数、工作温度和 LED 光源制造公差等因素。

5.1.5　TLC-LED 系列灯具的外形尺寸及驱动器接线

TLC-LED 系列灯具有两大类尺寸，大容量为圆形，如附图 5-3 所示；中小容量为梯形，但结构略有区别，如附图 5-1、附图 5-2 所示。

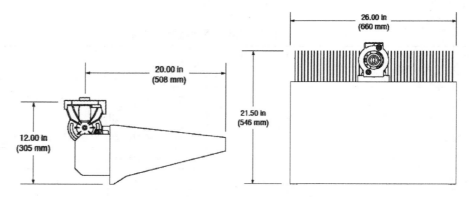

附图 5-1　400～600W 灯具的外形尺寸

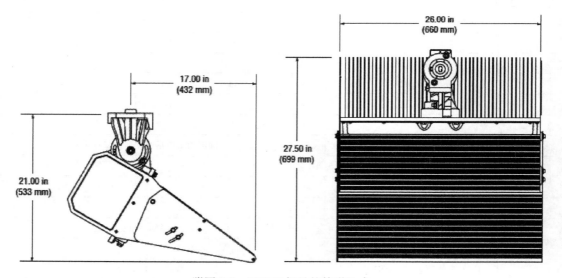

附图 5-2　1150W 灯具的外形尺寸

灯具、驱动器、保护装置、控制装置的接线示意图如附图 5-4、附图 5-5 所示，前者适用于 400W 和 600W 容量的 TLC-LED 灯具，一台驱动器带两盏灯具；后者适用于 1150W、1400W 容量的 TLC-LED 灯具，一台驱动器带一盏灯具。

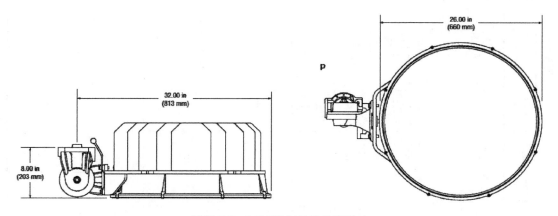

附图 5-3 1400W 灯具的外形尺寸

附图 5-4、附图 5-5 中，如果 L2 接中性线（N），则 N 线不接开关和熔断器。如果灯具安装在室内，则不必装设电涌保护器。

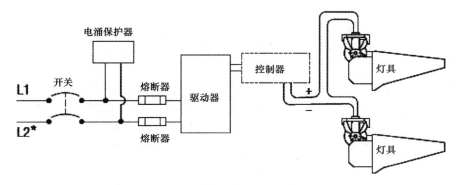

附图 5-4 驱动器一拖二接线示意图

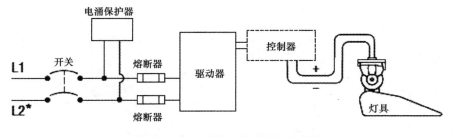

附图 5-5 驱动器一拖一接线示意图

5.2 三雄极光主要产品技术参数

三雄极光主要产品技术参数见附表 5-9。

5.3 河东主要产品资料

主要产品资料见附表 5-10～附表 5-21。

三雄极光主要产品技术参数

附表 5-9

序号	名称	类别	灯体材质	产品尺寸 (mm)	功率 (W)	功率因数	色温 (K)	显色指数 Ra	光效 (lm/W)	光束角 (°)	调光方式 (可选)	电器绝缘等级	IP 等级	安装方式	备注
1	途悦系列轨道交通灯盘	面板灯	钣金外壳	200×1200 (H≤150)	24(max36)	≥0.9	5700	≥80	≥100	120	不调/Dali/ 1～10V	Class 1	IP20	吊杆	驱动 IP20 外置，带驱动盒
2	途悦系列轨道交通明装灯盘	面板灯	钣金外壳	200×1200 (H≤150)	24(max36)	≥0.9	5700	≥80	≥100	120		Class 1	IP20	明装	
3	途悦系列轨道交通筒灯	嵌装筒灯	压铸铝	190×60	12(max24)	≥0.9	5700	≥80	≥100	120	不调/Dali/ 1～10V	Class 1	IP20/ IP65	嵌装	开孔：φ183±3mm
4	途悦系列轨道交通明装筒灯	明装筒灯	航空铝材	Φ160×H200	12(max24)	≥0.9	6000	≥80	≥100	120	不调/Dali/ 1～10V	Class 1	IP20/ IP65	M10 吊杆	不含挂架
5	精英系列 LED 线条灯	线条灯	铝合金	1200×70×45	16(max32)	≥0.9	5700	≥80	≥80	120	不调			吊线/ 嵌装	
6	铂刻系列 Balance 天花射灯	天花射灯	压铸铝	多款尺寸	7(max40)	≥0.9	2700 3000 4000	≥90	由面罩规格决定	10/17/ 20/25/ 28/36/ 48/60	不调/Dali/ Triac/ 0～10V		IP20/ IP44	嵌装	功率/色温/调光方式定制，产品自带光束角调节
7	铂刻系列 IMAGE 天花射灯	天花射灯	压铸铝	多款尺寸	5(max40)	≥0.9	2700 3000 4000	≥90	由面罩规格决定	10/17/ 20/25/ 28/36/ 45/60	不调/Dali/ Triac/ 0～10V		IP20/ IP44	嵌装	
8	铂刻系列 FIND 天花射灯	天花射灯	压铸铝	多款尺寸	7(max40)	≥0.9	2700 3000 4000	≥90	由面罩规格决定	10/17/ 20/25/ 28/36/ 45/60	不调/Dali/ Triac/ 0～10V		IP20/ IP44	嵌装	功率/色温/调光方式定制，产品自带光束角调节
9	铂刻系列 BASE (贝斯) 天花射灯	天花射灯	压铸铝	多款尺寸	5(max40)	≥0.9	2700 3000 4000	≥90	由面罩规格决定	10/17/ 20/25/ 28/36/ 45/60	不调/Dali/ Triac/ 0～10V		IP20/ IP44	嵌装	

续表

序号	名称	类别	灯体材质	产品尺寸(mm)	功率(W)	功率因数	色温(K)	显色指数Ra	光效(lm/W)	光束角(°)	调光方式(可选)	电器绝缘等级	IP等级	安装方式	备注
10	铂刻系列 Mini 天花射灯	天花射灯	压铸铝	多款尺寸	0.33	≥0.9	2700/3000/4000	90/95/97	由面罩规格决定	10/15/25/36/60	不调/Dali/Triac/0~10V		IP20/IP44	嵌装	功率/色温/调光方式定制，产品自带光束角调节
11	铂刻系列 MR16 射灯	天花射灯	压铸铝	多款尺寸	4/7	≥0.9	2700/3000/4000	90/95/97	由面罩规格决定	15/24/36/60	不调/Dali/Triac/0~10V		IP20/IP44	嵌装	
12	铂刻系列 TWINKLE 格栅射灯	天花射灯	压铸铝	多款尺寸	7(max15)	≥0.9	2700/3000/4000	90/95/97	由面罩规格决定	17/25/36/60	不调/Dali/Triac/0~10V		IP20/IP44	嵌装	功率/色温/调光方式定制，产品自带光束角调节
13	铂刻系列 ROUND 格栅射灯	天花射灯	压铸铝	多款尺寸	7(max15)	≥0.9	2700/3000/4000	90/95/97	由面罩规格决定	17/25/36/60	不调/Dali/Triac/0~10V		IP20/IP44	嵌装	
14	铂刻系列 Block 吸顶筒灯	吸顶筒灯	压铸铝	多款尺寸	10(max35)	≥0.9	2700/3000/4000	90/95/97	由面罩规格决定	17/25/36/60	不调/Dali/Triac/0~10V		IP20/IP44	吸顶/吊杆	
15	铂刻系列 Boat 线条灯	线条灯	铝合金	600/1000/1200	20(max40)	≥0.9	3000/4000/6000	80/90	由面罩规格决定	120	不调/Dali/Triac/0~10V		IP20/IP44	悬吊/吸顶/嵌入	
16	铂刻系列 Glass 镜前灯	镜前灯	压铸铝	多款尺寸	6(max15)	≥0.9	2700	≥80	由面罩规格决定	120	不调		IP44	明装	
17	铂刻系列 Side 地脚灯	镜前灯	压铸铝	85×85	3	≥0.9	2700			120	不调		IP20	嵌装	

注：
1. 本表根据广东三雄极光照明股份有限公司相关资料编制而成。
2. 表中产品所用灯珠品牌为 Cree/Lumileds/OSRAM/NICHIA 其中之一。
3. 表中产品的功率、色温可定制。
4. 除注明者外，额定输入电压/频率均为交流单相 220V/50Hz。

智绚 S 彩色 4.3 寸触摸多功能液晶面板　　附表 5-10

名称	参数指标
LCD 分辨率	480×272
尺寸（mm）	86×116.5×10.5
重量（g）	129
外壳材料	玻璃、PC、ABS、压铸铝
安装方式	暗盒安装（通过 HDL-MPPI.46-A 安装）
防护等级	IP20

智能调光器　　附表 5-11

类别	2 路 6A 智能调光器	4 路 3A 智能调光器	6 路 2A 智能调光器
电源输入（V）	AC 110/240±10%	AC 110/240±10%	AC 110/240±10%
工作电压（V）	DC 12~30	DC 12~30	DC 12~30
功耗	28mA/DC 24V	28mA/DC 24V	28mA/DC 24V
输出回路	2CH/6A	4CH/3A	6CH/2A
熔断器规格	10A aR 类型	8A aR 类型	4A aR 类型
可控硅	25A 双向可控硅，最小负载 30W	25A 双向可控硅，最小负载 30W	16A 双向可控硅，最小负载 30W
调光曲线	线性、1.5n 次方、2.0n 次方、3.0n 次方（n=1.5、2、3）	线性、1.5n 次方、2.0n 次方、3.0n 次方（n=1.5、2、3）	线性、1.5n 次方、2.0n 次方、3.0n 次方（n=1.5、2、3）
外形尺寸（mm）	144×90×66	144×90×66	144×90×66

2 路 10A Mosfet 功率放大器　　附表 5-12

名称	参数指标
电源输入（V）	AC 110/220
输出回路	2 路，10A/Ch
设备最大总输出电流	16A
调光方式	后沿调光
工作温度（℃）	−20~45
工作相对湿度	<90%
储存温度（℃）	−20~+60
储存相对湿度	<93%

幕帘控制模块　　附表 5-13

名称	参数指标
电源输入（V）	DC 15~30
总线耗电	35mA/DC 24V
电机类型	单相电容式
每路输出电流（A）	5
继电器寿命（次）	60000
安装方式	35mm 丁导轨
外形尺寸（mm）	72×90×66

RCU 混合控制执行器 附表 5-14

名称	参数指标
工作电压（V）	DC 20～30
静态功耗	60mA/DC 24V
动态功耗	300mA/DC 24V
信号接口	Buspro、RJ45、INNTER-BUS
可控硅	16A 双向可控硅，最小负载 30W
产品尺寸（mm）	216×90×56

512CH DMX 场景控制器 附表 5-15

名称	参数指标
电源输入（V）	DC 12～30
总线供电	200mA/DC 24V
人机界面	128×64 点阵图形 LCD，6 个轻触按键
安装方式	标准 35mm 导轨安装
外形尺寸（mm）	144×88×66
其他	内置以太网络接口

空调控制模块 附表 5-16

名称	参数指标
电源（V）	DC 15～30
总线耗电	95mA/DC 24V
继电器最大过载电流（A）	5
继电器寿命（次）	60000
工作温度（℃）	0～45
尺寸（mm）	72×90×66
安装方式	35mm 丁导轨

RS232 网关 附表 5-17

名称	参数指标
工作电压（V）	DC 15～30
总线耗电	15mA/DC 24V
波特率（bps）	2400、4800、9600、14400、19200、38400、57600、115200
数据位（位）	8
停止位（位）	1
通信方式	HDL Buspro/RS232/RS485
安装方式	35mm 丁导轨
尺寸（mm）	72×90×66

HDL Buspro 系统网关 附表 5-18

名称	参数指标
电源输入（V）	DC 15～30
总线耗电	40mA/DC 24V
可连接的 HDL Buspro 子网数	1 个子网总线
信号接口	HDL Buspro、RJ45
安装方式	35mm 丁导轨
外形尺寸（mm）	72×90×66

酒店输入/输出模块　　　　　　　　　　　　　　　　　　　附表 5-19

名称	参数指标
工作电压（V）	DC 15～30
静态功耗	25mA/DC 24V
动态功耗	250mA/DC 24V
通信方式	HDL Buspro
产品尺寸（mm）	144×90×56.3

MSP750.431 电源模块　　　　　　　　　　　　　　　　　　附表 5-20

名称	参数指标
输入电压/频率（V/Hz）	AC 85～260/50～60
输出电流（mA）	750
输出电压（V）	DC24
输出纹波（mV）	<150
安装方式	35mm 丁导轨
尺寸（mm）	72mm×90mm×66

逻辑控制模块　　　　　　　　　　　　　　　　　　　　　附表 5-21

名称	参数指标
工作电压（V）	DC 15～30
总线耗电	15mA/DC 24V
工作温度（℃）	0～45
储存相对湿度	<93%
尺寸（mm）	72×90×66
安装方式	35mm 丁导轨

参 考 文 献

[1] 李炳华，宋镇江. 建筑电气节能技术及设计指南 [M]. 北京：中国建筑工业出版社，2011.

[2] 北京照明学会照明设计专业委员会. 照明设计手册 [M]. 北京：中国电力出版社，2016.

[3] KingdomSun Technology. LED超长的寿命和良好的低光衰 [R]. 2010.

[4] 利沃照明科技. 低频无极灯与金卤灯、钠灯和节能灯的光衰曲线对比 [R]. 2014.

[5] HangKe Optoeletronics Technolog Dept. HangKe Optoeletronics Luminous Flux Attenuation Reports [R]. 2011.

[6] 中国建筑科学研究院，北京市建筑设计研究院有限公司，中国照明学会等. GB/T 31831—2015 LED室内照明应用技术要求 [S]. 北京：中国标准出版社，2016.

[7] JGJ 354—2014 体育建筑电气设计规范 [S]. 中国计划出版社，2014.

[8] 李炳华，覃剑戈等. LED灯启动特性的研究与应用 [J]. 照明工程学报，2017，8.

[9] 李炳华，贾佳等. LED灯电压特性的研究与应用 [J]. 照明工程学报，2017，10.

[10] 李炳华，董青. 体育照明设计手册：Guide for the lighting design of sports venues [M]. 北京：中国电力出版社，2009.

[11] 林若慈，王飞翔，高雅春. 体育场馆照明现状分析及展望 [J]. 照明工程学报，2016：4-27.

[12] 杨波. LED在场地照明中的应用 [J]. 照明工程学报，2016，27（4）：132-139.

[13] 吴会利，郑莹. 光敏二极管电压特性研究 [J]. 微处理机，2016，37（4）：16-18.

[14] JGJ 153—2016 体育场馆照明设计及检测标准 [S]. 北京：中国计划出版社，2016.

[15] 李炳华等. 国家体育场电气关键技术的研究与应用 [M]. 北京：中国电力出版社，2014.

[16] DL/T 836.1—2016 供电系统供电可靠性评价规程 第1部分：通用要求. 北京：中国电力出版社，2016.

[17] DL/T 836.2—2016 供电系统供电可靠性评价规程 第2部分：高中压用户. 北京：中国电力出版社，2016.

[18] DL/T 836.3—2016 供电系统供电可靠性评价规程 第3部分：低压用户. 北京：中国电力出版社，2016.

[19] IEEE Std 1366-2012 IEEE Guide for Electric Power Distribution Reliability Indices.

[20] 美国国家能源署（US Department of Energy）2016年6月发布的"Solid-State Lighting R&D Plan".

[21] JGJ/T 163—2008 城市夜景照明设计规范. 北京：中国建筑工业出版社，2009.

[22] 北京照明学会. 城市夜景照明技术指南 [M]. 北京：中国电力出版社，2004.

[23] 郝洛西. 中国2010上海世博会园区夜景照明规划与设计研究. 北京：中国建筑工业出版社，2011.

[24] 金妍. 城市夜晚照明色彩设计研究 [J]. 艺术科技，2016，29（3）：86-86.

[25] 李公建. 城市滨水景观照明设计研究 [J]. 工程技术（文摘版）：00011.

[26] 汪帆，刘严. 基于视觉传达设计理论的建筑外部照明设计方法 [J]. 中华建设，2015（12）：114-115.

[27] 洪涛，闻涛，侯兴华等. 体育馆夜景照明工程设计 [J]. 信息技术，2012（5）：153-155.

[28] 陈学文，刘丹青. 天津城市景观节点夜景照明艺术特色分析 [J]. 照明工程学报，2016，27

(4)：61-64.

[29] 汪帆. 国家游泳中心"水立方"的建筑外部照明艺术分析［J］. 科教导刊（电子版），2013 (2)：149.

[30] 任志山，王祝华. PWM 调光 LED 路灯驱动电源的设计［J］. 电气应用，2016 (17)：20-24.

[31] 倪朝乐. LED 夜景照明配电线路的短路保护探讨［J］. 福建建设科技，2018 (2).